Schaltungsbuch
für Radio-Amateure

Von

Karl Treyse

Neudruck der
zweiten vervollständigten Auflage
(19.—23. Tausend)

Mit 141 Textabbildungen

Springer-Verlag Berlin Heidelberg GmbH

1925

ISBN 978-3-662-35516-9   ISBN 978-3-662-36344-7 (eBook)
DOI 10.1007/978-3-662-36344-7

Alle Rechte, insbesondere das der Übersetzung
in fremde Sprachen, vorbehalten.

Zur Einführung
der Bibliothek des Radioamateurs.

Schon vor der Radioamateurbewegung hat es technische und sportliche Bestrebungen gegeben, die schnell in breite Volksschichten eindrangen; sie alle übertrifft heute bereits an Umfang und an Intensität die Beschäftigung mit der Radiotelephonie.

Die Gründe hierfür sind mannigfaltig. Andere technische Betätigungen erfordern nicht unerhebliche Voraussetzungen. Wer z. B. eine kleine Dampfmaschine selbst bauen will — was vor zwanzig Jahren eine Lieblingsbeschäftigung technisch begabter Schüler war — benötigt einerseits viele Werkzeuge und Einrichtungen, muß andererseits aber auch ein guter Mechaniker sein, um eine brauchbare Maschine zu erhalten. Auch der Bau von Funkeninduktoren oder Elektrisiermaschinen, gleichfalls eine Lieblingsbetätigung in früheren Jahrzehnten, erfordert manche Fabrikationseinrichtung und entsprechende Geschicklichkeit.

Die meisten dieser Schwierigkeiten entfallen bei der Beschäftigung mit einfachen Versuchen der Radiotelephonie. Schon mit manchem in jedem Haushalt vorhandenen Altgegenstand lassen sich ohne besondere Geschicklichkeit Empfangsresultate erzielen. Der Bau eines Kristalldetektorempfängers ist weder schwierig noch teuer, und bereits mit ihm erreicht man ein Ergebnis, das auf jeden Laien, der seine ersten radiotelephonischen Versuche unternimmt, gleichmäßig überwältigend wirkt: Fast frei von irdischen Entfernungen, ist er in der Lage, aus dem Raum heraus Energie in Form von Signalen, von Musik, Gesang usw. aufzunehmen.

Kaum einer, der so mit einfachen Hilfsmitteln angefangen hat, wird von der Beschäftigung mit der Radiotelephonie loskommen. Er wird versuchen, seine Kenntnisse und seine Apparatur zu verbessern, er wird immer bessere und hochwertigere Schaltungen ausprobieren, um immer vollkommener die aus dem Raum kommenden Wellen aufzunehmen und damit den Raum zu beherrschen.

Diese neuen Freunde der Technik, die „Radioamateure", haben in den meisten großzügig organisierten Ländern die Unterstützung weitvorausschauender Politiker und Staatsmänner gefunden unter dem Eindruck des universellen Gedankens, den das Wort „Radio" in allen Ländern auslöst. In anderen Ländern hat man den Radioamateur geduldet, in ganz wenigen ist er zunächst als staatsgefährlich bekämpft worden. Aber auch in diesen Ländern ist bereits abzusehen, daß er in seinen Arbeiten künftighin nicht beschränkt werden darf.

Wenn man auf der einen Seite dem Radioamateur das Recht seiner Existenz erteilt, so muß naturgemäß andererseits von ihm verlangt werden, daß er die staatliche Ordnung nicht gefährdet.

Der Radio-Amateur muß technisch und physikalisch die Materie beherrschen, muß also weitgehendst in das Verständnis von Theorie und Praxis eindringen.

Hier setzt nun neben der schon bestehenden und täglich neu aufschießenden, in ihrem Wert recht verschiedenen Buch- und Broschürenliteratur die „Bibliothek des Radioamateurs" ein. In knappen, zwanglosen und billigen Bändchen wird sie allmählich alle Spezialgebiete, die den Radioamateur angehen, von hervorragenden Fachleuten behandeln lassen. Die Koppelung der Bändchen untereinander ist extrem lose: jedes kann ohne die anderen bezogen werden, und jedes ist ohne die anderen verständlich.

Die Vorteile dieses Verfahrens liegen nach diesen Ausführungen klar zutage: Billigkeit und die Möglichkeit, die Bibliothek jederzeit auf dem Stande der Erkenntnis und Technik zu erhalten. In universeller gehaltenen Bändchen werden eingehend die theoretischen Fragen geklärt.

Kaum je zuvor haben Interessenten einen solchen Anteil an literarischen Dingen genommen, wie bei der Radioamateurbewegung. Alles, was über das Radioamateurwesen veröffentlicht wird, erfährt eine scharfe Kritik. Diese kann uns nur erwünscht sein, da wir lediglich das Bestreben haben, die Kenntnis der Radiodinge breiten Volksschichten zu vermitteln. Wir bitten daher um strenge Durchsicht und Mitteilung aller Fehler und Wünsche.

Dr. Eugen Nesper.

Vorwort.

Die vorliegende Sammlung soll es dem ernstarbeitenden Radio-Amateur nicht nur ermöglichen, das seinen Zwecken am besten dienende Schaltschema auszuwählen, sondern es soll ihm auch vor allen Dingen zeigen, welche umfangreiche Arbeit auf diesem Gebiete schon geleistet worden ist. Außerdem soll diese Sammlung erprobter Schemata den Leser anregen, selbst neue Schaltungen zu ersinnen, auszuproben und anzuwenden.

Während es nun dem technisch geschulten Amateur ein leichtes sein wird, die Schemata richtig zu „lesen", wird jeder nichttechnische Radio-Amateur erst lernen müssen, in Linien und Symbolen zu denken. Aus diesem Grunde ist der Sammlung eine Zusammenstellung der Bezeichnungen der Radiotelegraphie und -telephonie vorangestellt, aus welchem jedes einzelne in den Schaltungen angewendete Symbol in seiner Bedeutung klar zu erkennen ist.

Schon in den Jugendjahren der Elektrotechnik machte sich das Bedürfnis geltend, die in jeder festzulegenden Schaltung immer wiederkehrenden Apparate durch einheitliche Bezeichnungen, Sigel oder Symbole darzustellen. Man einigte sich daher auf Bezeichnungen, welche das Wesentliche und die Wirkungsweise der fraglichen Apparate prägnant darstellen. Im allgemeinen kehren diese Bezeichnungen der Schwach- und Starkstromtechnik auch in der Radiotechnik wieder, mußten jedoch durch einige Bezeichnungen von verschiedenen nur in der Radiotechnik gebräuchlichen Apparaten erweitert werden.

In den Schaltungen sind alle unwichtigen und zusätzlichen Drahtverbindungen zu etwa notwendigen Schaltern, Meßinstrumenten, Steckdosen und sonstigen Anschlüssen fortgelassen. Es ist dies aus dem Grunde geschehen, um die Klarheit und Übersichtlichkeit der Schaltungen nicht zu beeinträchtigen.

Zum Schluß ist es mir eine angenehme Pflicht, der Verlagsbuchhandlung Julius Springer an dieser Stelle meinen Dank für das Entgegenkommen bei der Drucklegung dieser Sammlung auszusprechen.

Ich danke ferner Herrn Dr. Nesper für Beratung bei der Zusammenstellung der Schemata, sowie Herrn Baumgart für freundliche Durchsicht und Lesung der Korrektur.

Berlin, im März 1924.

Karl Treyse.

Inhaltsverzeichnis.

	Abbildungen	Seite
Bezeichnungen der Radiotelegraphie und -telephonie		VIII
Dimensionierung der Abstimmelemente und der Empfangsmittel	a—c	1
Empfangsschaltungen mit Kristalldetektor als Empfangsmittel	1—18	5
Einfache Empfangsschaltungen mit Dreielektrodenröhre als Empfangsmittel	19—32	10
Dieselben, mit Rückkopplung der Anodenintensität	33—44	14
Ultra-Audionschaltungen	45—51	18
Schwebungs-Empfangsschaltungen	52—57	20
Die Dreielektrodenröhre als Niederfrequenzverstärker	58—78	22
Dieselbe als Hochfrequenzverstärker	79—104	29
Amerikanische Neutrodyne-, Reflex- und Superregenerativ- sowie Superheterodyne-Schaltungen	105—123	39
Schaltungen verschiedenster Art	124—140	46
Nachtrag		50

Bezeichnungen der Radiotelegraphie und -telephonie.

- Galvanisches Element, Akkumulator, Batterie.
- Gleichstrommaschine.
- Wechselstrommaschine.
- Hochfrequenzmaschine, Hochfrequenzquelle.
- Regulierbarer Schiebekontakt.
- Steckkontakt.
- Klemmenanschluß.
- (Ohmscher) Widerstand.
- Eisen-Wasserstoffwiderstand.
- Luftdrossel.
- Eisendrossel.
- Tonspule.
- Schalter.
- Mehrpoliger Schalter.
- Taster.
- Unterbrecher.
- Ticker.
- Transformator.
- Induktor (Resonanzinduktor).
- Transformator, Hochfrequenztransformator.
- Funkenstrecke für seltene Funkenentladungen.
- Löschfunkenstrecke (Stoßfunkenstrecke).
- Lichtbogengenerator.
- Entladestrecke für ideale Stoßerregung.
- Vakuumröhre (Kathodenröhre).
- Unveränderliche Selbstinduktionsspule.
- Honigwabenspule (Honey combcoil).
- Veränderliche Selbstinduktionsspule, Schiebespule, Variometer.
- Kopplung.
- Unveränderlicher Kondensator, Blockkondensator.
- Veränderlicher Kondensator, Drehplattenkondensator.
- Pendelkondensator.

Bezeichnungen der Radiotelegraphie und -telephonie.

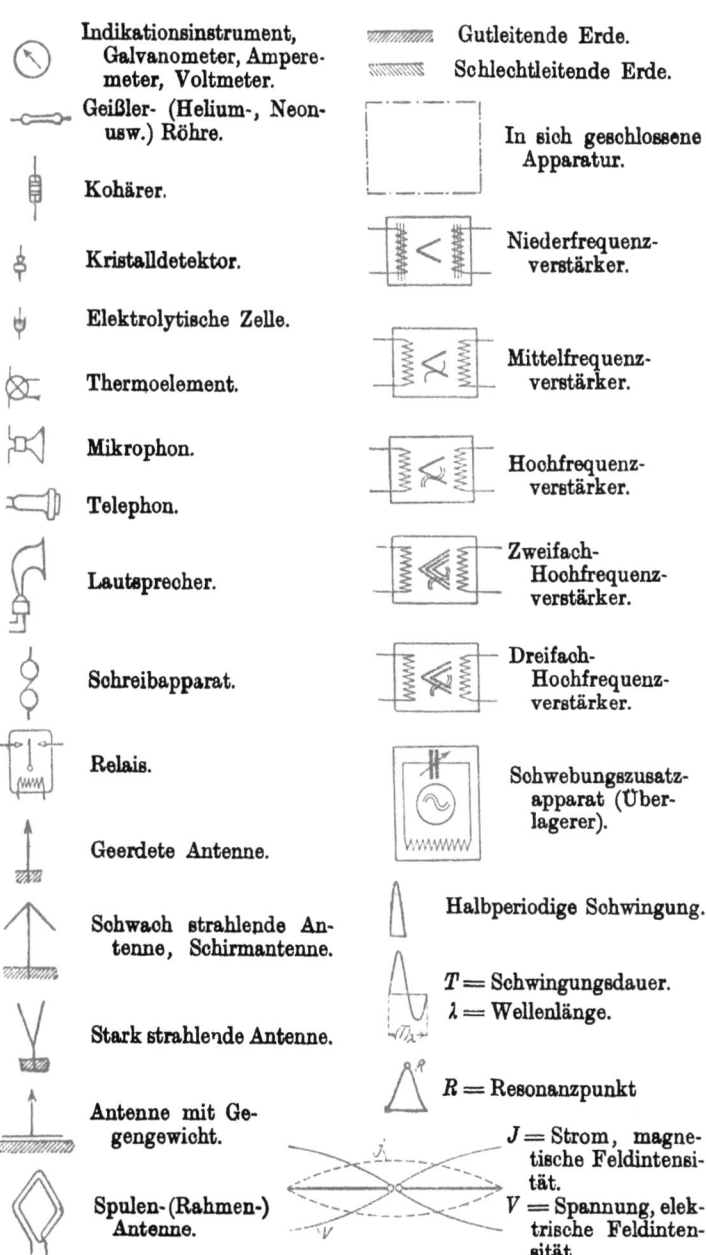

Dimensionierung der Abstimmelemente und der Empfangsmittel.

Während man in den einzelnen Schaltungen die Größen der Kondensatoren, Batterien und Widerstände angegeben findet, war es nicht angängig, auch für die Selbstinduktionen Größenangaben zu machen. Gerade diese letzteren werden jedoch dem Amateur die größten Schwierigkeiten verursachen, wenn er nicht vorzieht, sogenannte Honigwabenspulen zu verwenden, welche mit den gewünschten Wellenlängenangaben im Handel zu haben sind. In Folgendem soll dem Amateur ein Mittel in die Hand gegeben werden, um diese Dimensionen auch für Zylinderspulen festlegen zu können.[1]

In der Tabelle I sind für die beiden kontinuierlich variablen Kondensatorgrößen $C = 0,001$ MF ($=$ ca. 1000 cm) und $C = 0,0005$ MF ($=$ ca. 500 cm) die Wellenlängen $\lambda = 80$ m bis $\lambda = 1192$ m in Abhängigkeit von der Selbstinduktion L gegeben.

Geübtere Amateure finden die Größen auch in der Nomographischen Tafel Abb. a. Man benutzt die Tafel in der Weise, daß man die bekannten Größen durch ein vielleicht durchsichtiges Lineal verbindet und die dritte Größe abliest.

Tabelle I.

L in cm	$C = 0{,}001$ MF Kondensator in Nullstellung	$C = 0{,}001$ MF Kondensator in Endstellung	$C = 0{,}0005$ MF
18 000	80	253	179
20 000	84	267	188
25 000	94	298	211
30 000	103	326	231
40 000	119	377	267
50 000	133	421	298
60 000	146	462	326
70 000	154	499	353
80 000	169	533	377
90 000	179	565	400
100 000	188	596	421
120 000	206	653	462
140 000	223	705	499
160 000	238	754	533
180 000	253	800	565
200 000	267	843	596
250 000	298	942	666
300 000	326	1032	730
400 000	377	1192	843

Tabelle II.

Kurve	Lackdrahtlitze	Isolierung	Anzahl der Windungen auf 10 cm
a	56 × 0,07 mm ⌀	1× Seide, 1× Baumw. umsponnen	98 Windungen
b	130 × 0,07 mm ⌀	1× „ 1× „ „	72 „
c	133 × 0,07 mm ⌀	1× „ 2× „ „	64 „
b	154 × 0,07 mm ⌀	1× „ 1× „ „	72 „
c	154 × 0,07 mm ⌀	1× „ 2× „ „	64 „
d	175 × 0,07 mm ⌀	1× „ 2× „ „	60 „
e	210 × 0,07 mm ⌀	1× „ 2× „ „	57 „
f	240 × 0,07 mm ⌀	1× „ 2× „ „	52 „
g	1,5 ⌀ × 21 × 19 × 0,07 mm ⌀	2× „ „	36 „
h	2 ⌀ × 28 × 19 × 0,07 mm ⌀	2× „ „	31 „
i	2,5 ⌀, 35 × 19 × 0,07 mm ⌀	2× „ „	28 „
k	3 ⌀, 41 × 19 × 0,07 mm ⌀	2× „ „	26 „
k	4 ⌀, 56 × 19 × 0,07 mm ⌀	2× „ „	26 „
l	5 ⌀, 68 × 19 × 0,07 mm ⌀	2× „ „	23 „
l	5 ⌀, 147 × 19 × 0,07 mm ⌀	2× „ „	23 „

---

[1] Aus Nesper, Der Radio-Amateur (Broadcasting), Berlin: Julius Springer.

2 Dimensionierung der Abstimmelemente und der Empfangsmittel.

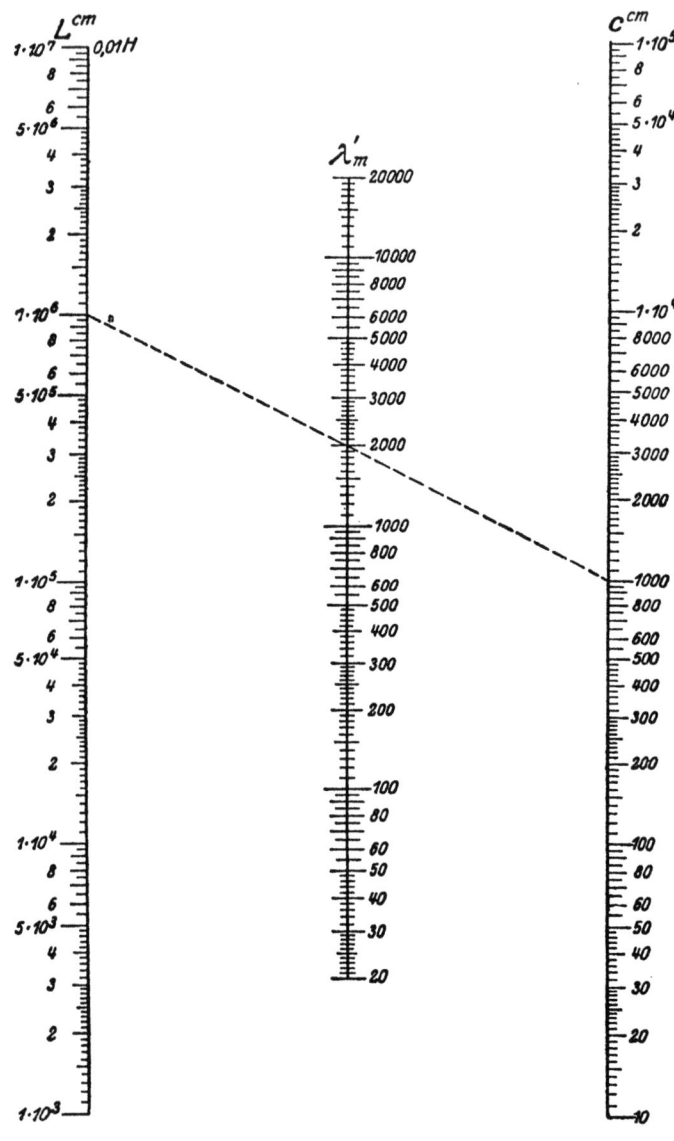

Abb. a.

Nomographische Tafel.
Wellenlänge (λ), Selbstinduktion (L) und Kapazität (C).

Dimensionierung der Abstimmelemente und der Empfangsmittel. 3

Um für die gewählte Selbstinduktion die Abmessungen des zylindrischen Spulenkörpers bestimmen zu können, wählt man jetzt die anzuwendende Drahtsorte. Für einige Litzendrahtsorten und Isolierungen ist aus Tabelle II die Anzahl der Windungen für 10 cm Spulenlänge zu entnehmen
Für einen Spulenkörperdurchmesser von 5 cm kann man nun aus den Kurven der Abb. b die Spulenhöhe h entnehmen, indem man an der linken Ordinate von dem betreffenden Selbstinduktionswert ausgeht und die diesem Wert entsprechende Abszisse bis zum Schnittpunkt mit der der Drahtsorte entsprechenden Kurve $(a-e)$ verfolgt und für diesen Schnittpunkt den Abszissenwert h/d abliest.

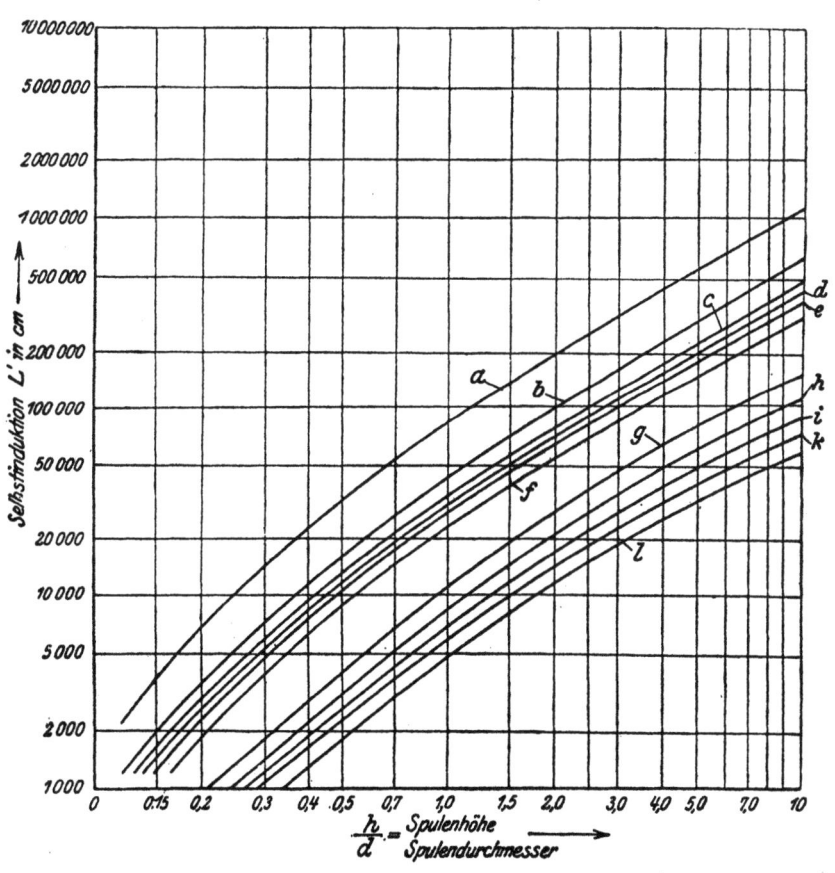

Abb. b.

Abhängigkeit von L und h/d.

4 Dimensionierung der Abstimmelemente und der Empfangsmittel.

Ist der Spulendurchmesser nicht gleich 5 cm, sondern beliebig gewählt worden, so ist eine kleine Umrechnung vorzunehmen, wozu die f-Kurve entsprechend Abb. c dient. Man geht so vor, daß man für den gewählten Durchmesser das zugehörige f aufsucht und den gegebenen Wert von L durch das soeben ermittelte f dividiert, wodurch man einen neuen Wert L' erhält, also

$$\frac{L}{f} = L';$$

nun sucht man für das soeben ermittelte L' das dazu gehörende $h\,d$ in der vorher beschriebenen Weise auf.

Da die Tabelle II auch die Windungszahlen für $h = 10$ cm enthält, kann man nun die Gesamtwindungszahl der gewünschten Spule ermitteln.

Zahlenbeispiel: Es soll eine Spule von 8 cm Durchmesser hergestellt werden für eine Wellenlänge von 750 m, wobei ein Drehkondensator von 0,001 MF Endkapazität vorgesehen ist. Man erhält aus Tabelle I eine Selbstinduktion von 160 000 cm. Mit einer Litze mit der Bezeichnung c in Tabelle II (133 × 0,07 mm) erhält man 64 Windungen auf 10 cm bei einem Durchmesser von 5 cm. Hierfür gibt die Kurve c der Abb. b einen Wert $h/d =$ ca. 3,5 an. Da der Durchmesser aber nicht 5 cm, sondern 8 cm sein soll, suchen wir f in Abb. c auf und finden $f =$ ca. 5, also

$$\frac{L}{f} = L' \quad \frac{160000}{5} = 32000.$$

Durch Interpolieren findet man in Abb. c für die Kurve c bei $L = 32000$ einen Wert $h/d = 0.9$. Hieraus ergibt sich bei einem Durchmesser d von 8 cm eine Spulenlänge von 7,2 cm und eine Gesamtwindungszahl von 46 Windungen.

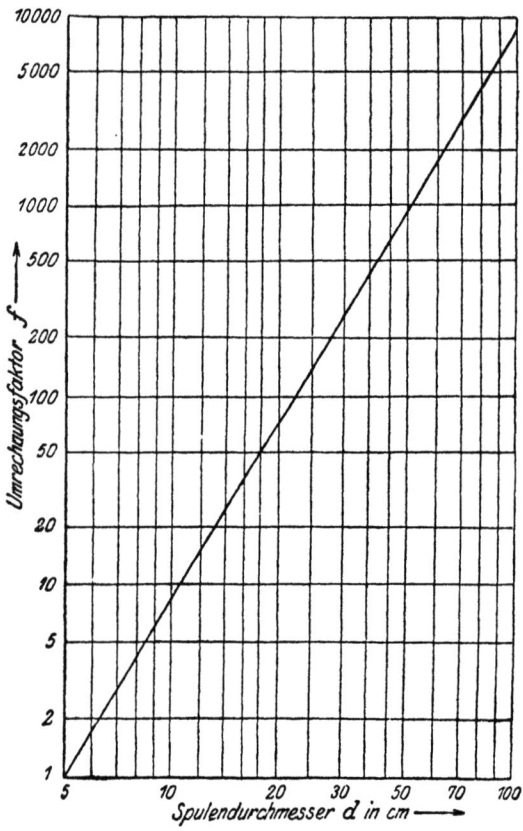

Abb. c.
Abhängigkeit von f und d.

Empfangsschaltungen mit Kristalldetektor als Empfangsmittel.
Abbildungen 1—18.

Zu Abb. 1 (EN 3).

Primär-Kristalldetektor-Schaltungen mit Resonanzkreis für lange Wellen und fester Detektorankopplung.
Wert des veränderlichen Kondensators i = 0,001 MF.
Wert des Telephon-Kondensators = 0,002 MF.

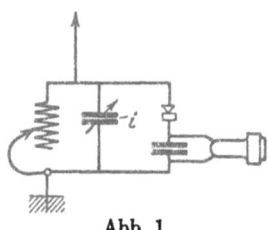

Abb. 1.

Zu Abb. 2 (EN 2).

Primär-Kristalldetektor-Schaltung mit Schiebespule als Abstimmittel für kurze Wellen und fester Detektorankopplung.
Werte der Kondensatoren i und f wie Abb. 1.
Über den Wert der Selbstinduktion h unterrichtet der Abschnitt „Dimensionierung". Der punktiert gezeichnete Detektor e' ist als Normaldetektor gedacht, mit dem man den Empfänger auf den gewünschten Sender einstellt, um dann mittelst des Einschalters auf den Gebrauchsdetektor e überzugehen.

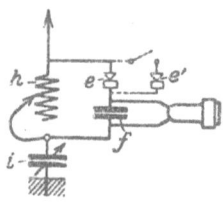

Abb. 2.

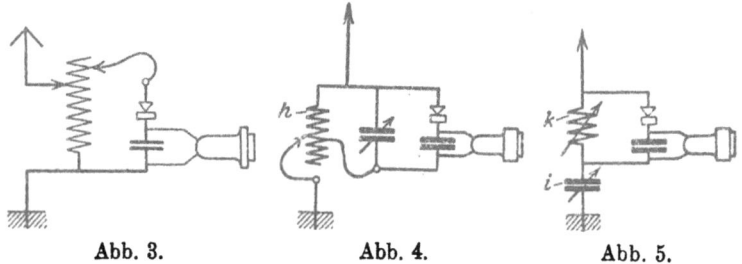

Abb. 3. Abb. 4. Abb. 5.

Zu Abb. 3, 4 (EN 4), 5 (EN 5).

Primär-Kristalldetektor-Schaltungen Abb. 3 und 4 zeigen eine Abstimmspule (h) mit zwei Schleifkontakten.
Abb. 5 zeigt an deren Stelle ein Variometer k und außerdem einen Serienkondensator i in der Antenne für sehr kleine Wellenlängen.
Werte der Kondensatoren wie Abb. 1.
Wert des Variometers k siehe Abschnitt „Dimensionierung".

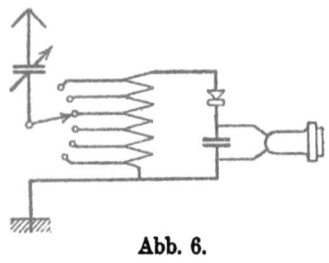

Abb. 6.

Zu Abb. 6.

Primär-Kristalldetektor-Schaltung mit unterteilter Abstimmspule und Wellenschalter sowie Serien-Kondensator in der Antenne.

Werte der Kondensatoren und Abstimmemente wie vorstehend.

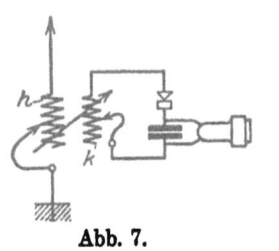

Abb. 7.

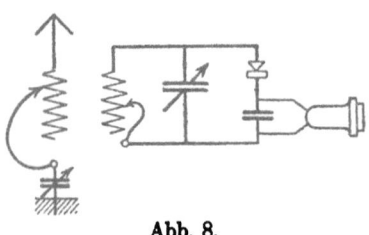

Abb. 8.

Zu Abb. 7 (*EN 6*) und Abb. 8 (*EN 7*).

Primär- und Primär-Sekundär-Kristalldetektor-Schaltungen für kleinere und mittlere Wellenlängen.

Bei diesen Schaltungen sind die Anordnungen so getroffen, daß durch Benutzung einer induktiven Kopplung zwei Kreise entstehen, ein Antennenkreis und ein Detektorkreis. Die Vorteile sind in der schärferen Abstimmung und einer größeren Lautstärke zu finden.

Werte der Abstimmelemente h und k wie vorstehend.

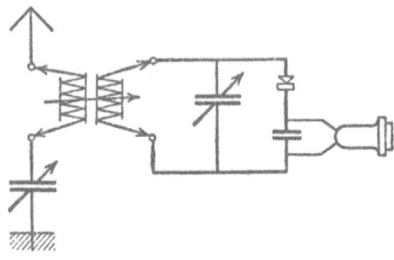

Abb. 9.

In Abb. 9 sind stöpselbare und dadurch auswechselbare Honigwabenspulen verwendet worden, deren Wert der Abschnitt „Dimensionierung" ergibt. Auch hier sind die Werte der Kondensatoren dieselben wie in Abb. 1.

Empfangsschaltungen mit Kristalldetektor als Empfangsmittel. 7

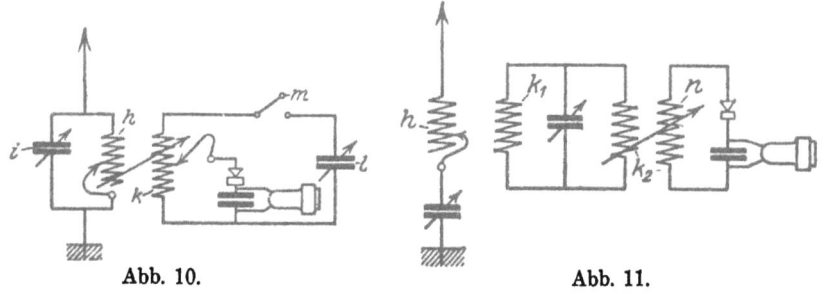

Abb. 10.   Abb. 11.

Zu Abb. 10 (*EN 8*) und 11 (*EN 9*).

Primär-Sekundär-Kristalldetektor-Schaltungen.

Der Schalter m in Abb. 10 gestattet den Übergang von Primär- auf Sekundärempfang.

Die Abb. 11 zeigt eine geteilte Sekundärkreisspule k_1 und k_2 sowie eine variable Detektorankopplung. Es ist dies eine Original-Marconi-Schaltung. Auch hier können die Werte der Kondensatoren i und l wie bisher gewählt werden. Für die Dimensionierung der Selbstinduktions- und Kopplungsspulen h, k, k_1, k_2 und n gilt das im Abschnitt „Dimensionierung" (Variometer) Gesagte.

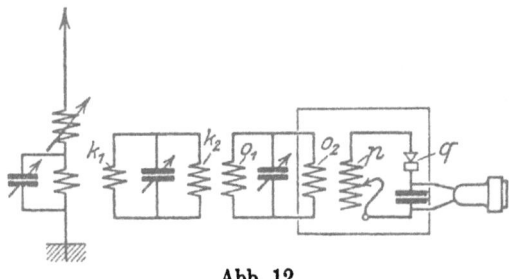

Abb. 12.

Abb. 12 (*EN 10*).

Primär-Sekundär-Tertiär-Schaltung mit geteilten Sekundär- und Tertiärspulen, wobei der Tertiärkreis in einem Metallkasten eingeschlossen ist, um zu erreichen, daß der Detektor q lediglich die durch den Sekundär-Tertiärkreis ausgesiebte Energie übertragen erhält und ausnutzt.

Werte der Kondensatoren sowie Dimensionierung der Spulen k_1, k_2, o_1, o_2 und p wie bisher.

8 Empfangsschaltungen mit Kristalldetektor als Empfangsmittel.

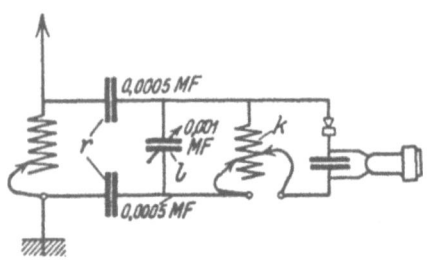

Abb. 13.

Zu Abb. 13 (*EN 11*).

Primär-Sekundärschaltung mit kapazitiver und dadurch sehr loser Ankopplung des Sekundärkreises und veränderlicher Detektorankopplung. Werte der Abstimmelemente k, l etc. wie bisher. Die Kondensatoren r können auch veränderlich gemacht werden, ohne daß die Abstimmung des Kreises beeinflußt wird.

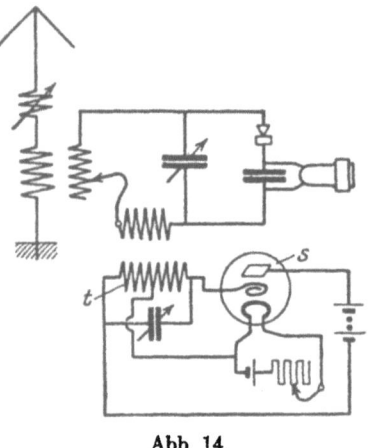

Abb. 14.

Zu Abb. 14 (*EN 12*).

Primär-Sekundärschaltung als Schwebungs - Empfangsschaltung mit besonderem Röhrengeneratorkreis und Kristalldetektorempfang Hierbei ist s-t der zur Erzeugung der Schwebungs-Frequenz dienende Röhrenkreis.

Andere Bezeichnungen für Schwebungsempfang sind: Interferenzempfang, Heterodynempfang, Überlagerungsempfang.

Werte der Kondensatoren und Dimensionierung der Spulen wie bisher.

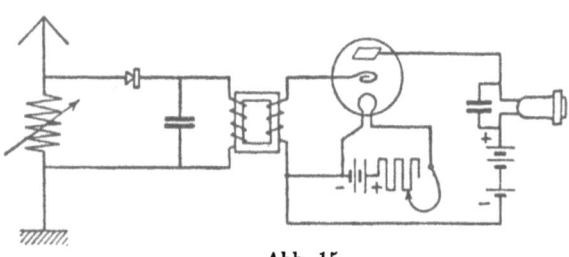

Abb. 15.

Primär-Kristalldetektor-Schaltung mit Niederfrequenz-Röhrenverstärkung der Empfangsintensität. Werte der Abstimmelemente wie bisher. Bei der Wahl des Niederfrequenztransformators ist zu beachten, daß der Widerstand der im Detektorkreis liegenden Primärspule des Transformators dem Widerstande des Telephons entspricht.

Empfangsschaltungen mit Kristalldetektor als Empfangsmittel.

Zu Abb. 16.
Primär - Kristalldetektor-Schaltung, bei welcher die ankommenden Zeichen erst verstärkt werden, bevor sie dem Kristalldetektor zur Gleichrichtung zugeführt werden.

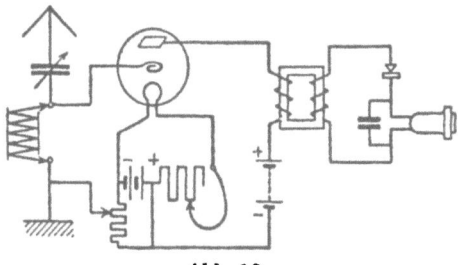

Abb. 16.

Antennenkondensator . . . . 0,001 MF, veränderlich
Telephonkondensator . . . . 0,001 MF, fest
Anodenbatterie . . . . ca. 45 Volt
Potentiometerwiderstand . . . . 200—400 Ω
Honigwabenspulen auswechselbar.

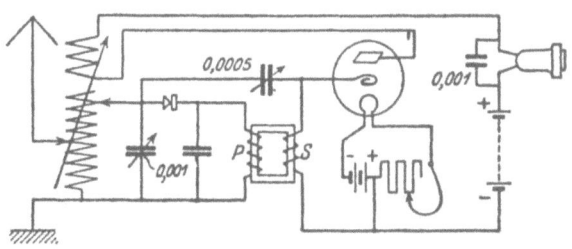

Abb. 17.

Primär-Kristalldetektor-Schaltung mit Niederfrequenz-Röhrenverstärkung und Rückkopplung des Anodenstromkreises auf die Primärspule.

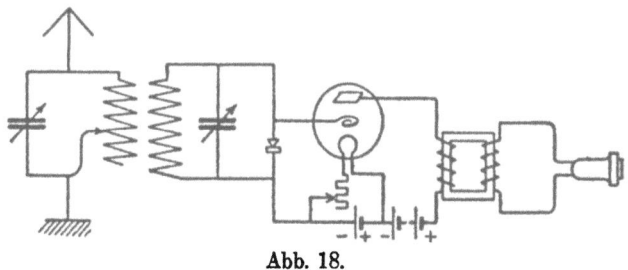

Abb. 18.

Primär-Sekundär-Kristalldetektor-Empfang mit Dreielektrodenröhre als Verstärker und mit Telephon-Transformator.
Werte der Abstimmelemente und Batterien wie bisher.

Einfache Empfangsschaltungen mit Dreielektrodenröhre als Empfangsmittel.
Abbildungen 19—32.

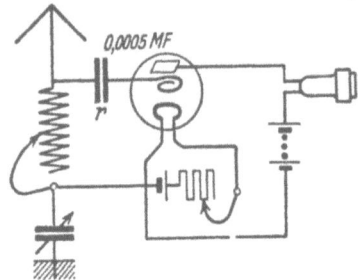

Abb. 19.

Zu Abb. 19 *(EN 13)*.

Einfachste Dreielektrodenröhren-Audionschaltungen zeigen die Abb. 19, 20 und 21 für den Empfang gedämpfter Wellen. Abb. 19 ist die Original De Forest-Schaltung. Der Gitterkondensator r kann auch variabel gewählt werden.

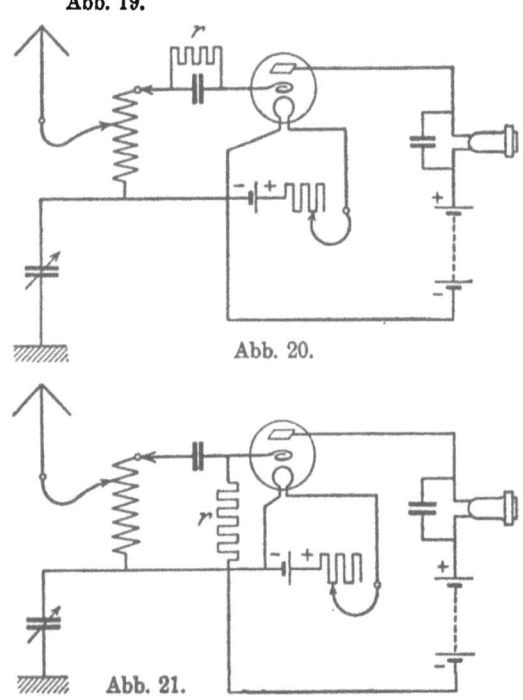

Abb. 20.

Abb. 21.

Zu Abb. 20 u. 21.

In den Abb. 20 und 21 sind die Widerstände r als Gitterableitungswiderstände verwendete Silitstäbe von ca. 1 Megohm. Der Wert der Gitterkondensatoren kann 0,00025 ÷ 0,0005 MF betragen.

Empfangsschaltungen mit Dreielektrodenröhre als Empfangsmittel. 11

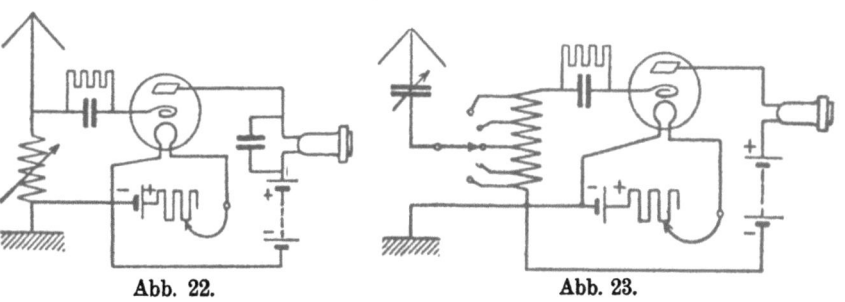

Abb. 22.   Abb. 23.

Zu Abb. 22 u. 23.

Primär-Röhrenempfangsschaltungen wie Abb. 19—21, jedoch in Abb. 22 mit Variometer, in Abb. 23 mit durch Wellenschalter unterteilter Antennenkreispule. Alle Werte wie bisher.

Zu Abb. 24.

Rahmen-Empfangsschaltung mit kapazitiver Rückkopplung der Anodenintensität.
Werte wie bisher.

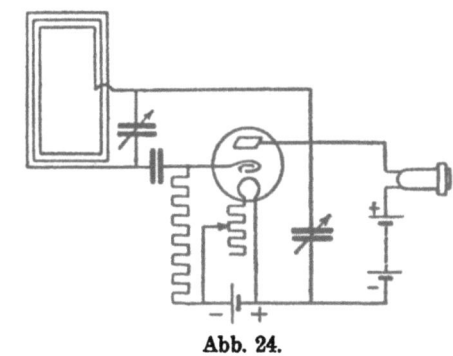

Abb. 24.

Zu Abb. 25.

Große Vorteile bietet eine lose Kopplung, wie Abb. 25 dies zeigt.

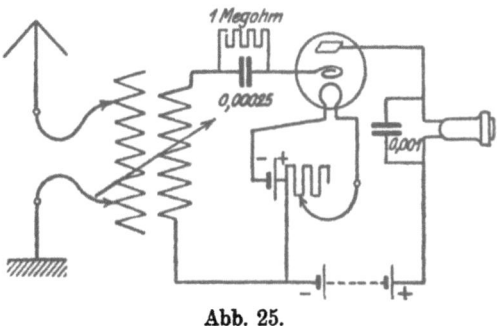

Abb. 25.

12 Empfangsschaltungen mit Dreielektrodenröhre als Empfangsmittel.

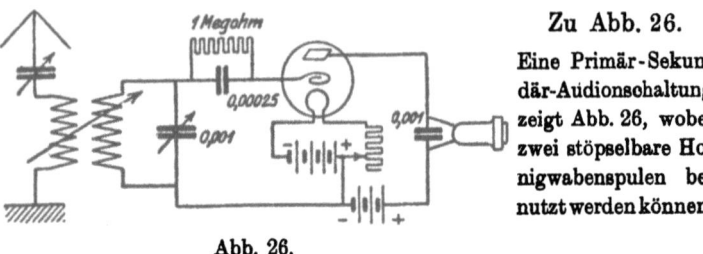

Abb. 26.

Zu Abb. 26.
Eine Primär-Sekundär-Audionschaltung zeigt Abb. 26, wobei zwei stöpselbare Honigwabenspulen benutzt werden können.

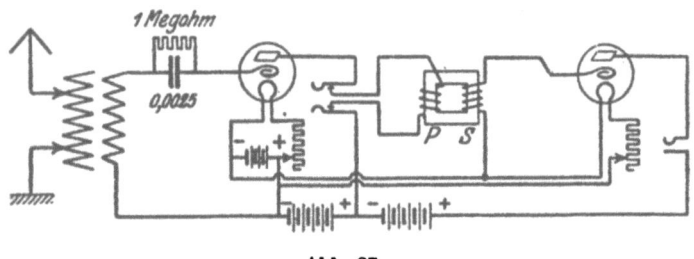

Abb. 27.

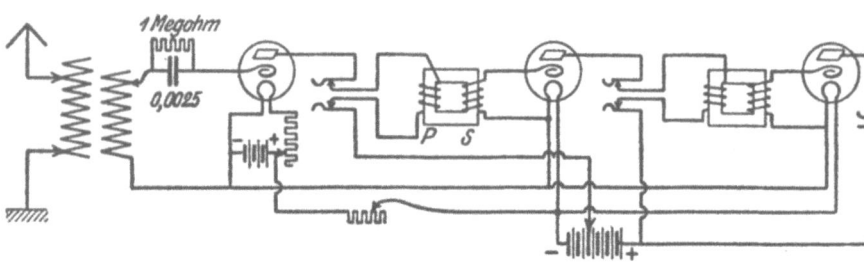

Abb. 28.

Zu Abb. 27 u. 28.

Dieselbe Schaltung wie Abb. 25, jedoch mit einer einstufigen niederfrequenten Verstärkung, zeigt Abb. 27, während Abb. 28 eine zweistufige Niederfrequenz-Verstärkung zeigt. Die Anordnung ist so getroffen, daß die Kontaktstifte des Telephons die Einschaltung der einzelnen Verstärkungsstufen gestatten.

Empfangsschaltungen mit Dreielektrodenröhre als Empfangsmittel. 13

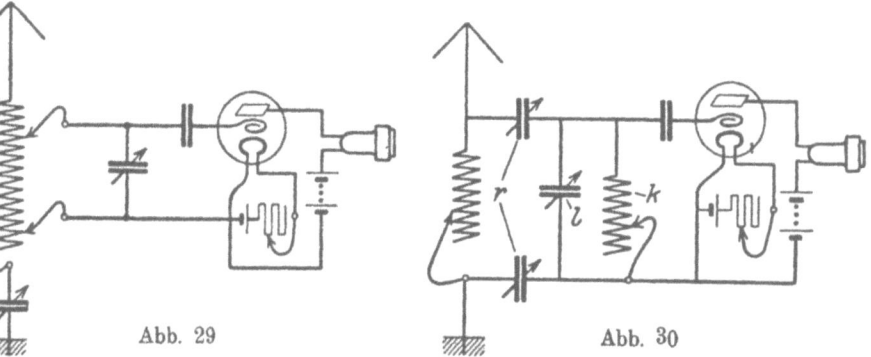

Abb. 29   Abb. 30

Zu Abb. 29 (EN 14).
Eine Primär-Sekundär-Audionschaltung mit dreiseitiger Schiebespule. Alle Werte wie bisher.

Zu Abb. 30 (EN 15).
Ähnlich der Kristalldetektor-Schaltung Abb. 13 ist hier die Audionröhre kapazitiv mit der Antenne gekoppelt, nur wurden die beiden Kopplungskondensatoren r variabel gewählt. Auch hier gilt, daß die Abstimmung des Kreises nicht beeinflußt wird, wenn die Kondensatoren „r" klein genug gewählt werden. Alle sonstigen Werte (k und l) wie bisher.

Zu Abb. 31 (EN 16).
In Anlehnung an Abb. 8 zeigt Abb. 31 einen losegekoppelten Primär-Sekundärempfänger, wobei an Stelle des Kristalldetektors eine Audionröhre getreten ist. Werte wie bisher.

Zu Abb. 32 (EN 17).
Für sehr große Wellen empfiehlt sich eine Schaltung nach Abb. 32, wobei entsprechend große Honigwabenspulen verwendet werden. Die Schalter erlauben eine stufenweise Wellenänderung, zweckmäßiger ist es jedoch, die Änderung durch die Austauschbarkeit der stöpselbaren Honigwabenspulen zu bewirken.

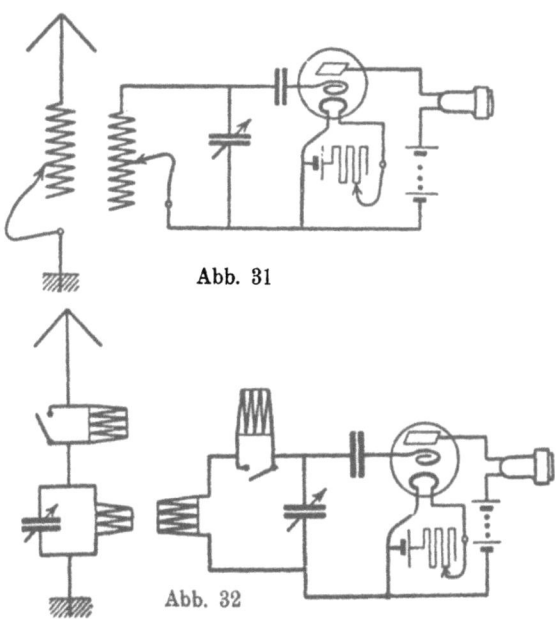

Abb. 31

Abb. 32

Empfangsschaltungen mit Dreielektrodenröhre als Empfangsmittel sowie mit Rückkopplung der Anodenintensität.

Abbildungen 33—44.

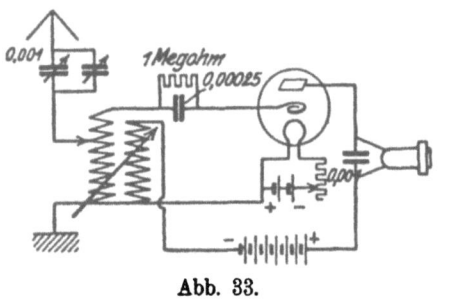

Abb. 33.

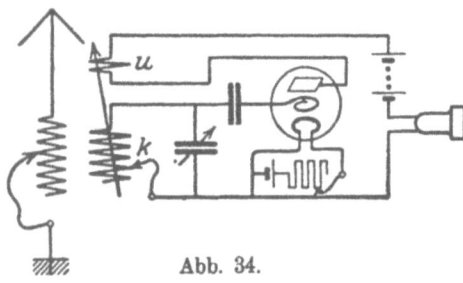

Abb. 34.

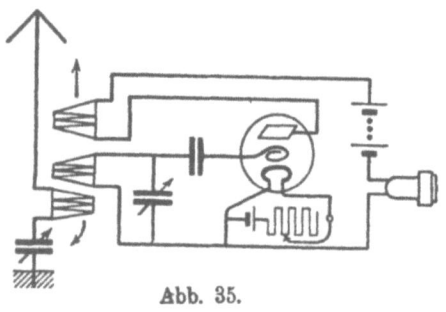

Abb. 35.

Zu Abb. 33, 34 (*EN 18*) u. 35 (*EN 21*).

Die drei Schaltungen geben die einfachsten Rückkoppelungsschaltungen zum Empfang ungedämpfter Schwingungen wieder. Die Schaltungen werden unter Benutzung eines Zwei- oder Dreispulenkopplers hergestellt. Der Vorgang ist so, daß ein Teil der Anodenkreis-Intensität vermittelst einer beweglichen Kopplungsspule geringer Induktanz (u gegenüber k) auf den Abstimmkreis rückübertragen wird.

Werte der verwendeten Einzelteile wie in Abb. 16 und 19.

Empfangsschaltungen mit Dreielektrodenröhre und Rückkopplung. 15

Zu Abb. 36.

Der hier und in den Abb. 33 und 37 erkennbare Feinabstimmkondensator parallel zum Antennenkreiskondensator erlaubt eine sehr scharfe Abstimmung.

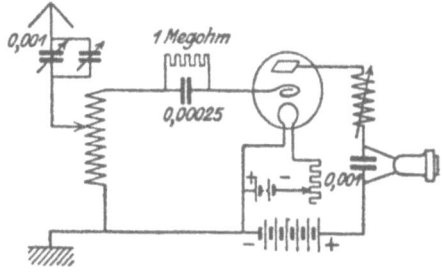

Zu Abb. 37.

Eine noch bessere Abstimmung erreicht man durch den bei amerikanischen Radio-Amateuren sehr beliebten und in den Spulen P und S dargestellten Variokoppler. Es ist dies eine in einer Schiebe- oder Stöpselspule P drehbar angeordnete Spule S. Die mit L_1 und L_2 bezeichneten Spulen sind Flachspulen.

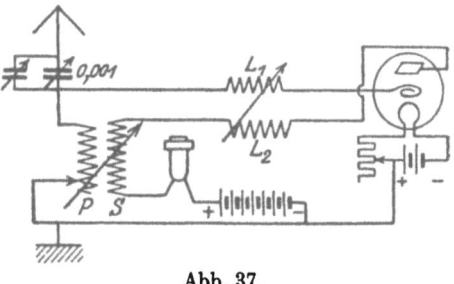

Abb. 37.

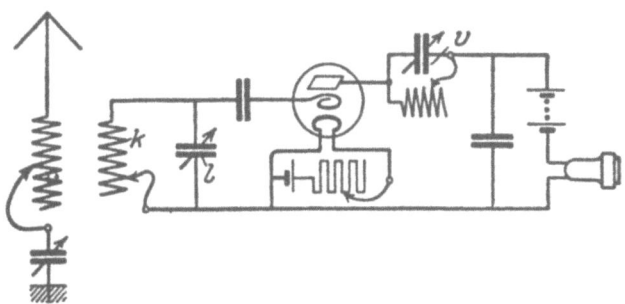

Abb. 38 (*EN 19*).

Diese Schaltung zeigt einen in den Anodenkreis eingeschalteten Schwingungskreis v, dessen Dimensionen im wesentlichen denen des Sekundärkreises k-l entsprechen.

Empfangsschaltungen mit Dreielektrodenröhre und Rückkopplung.

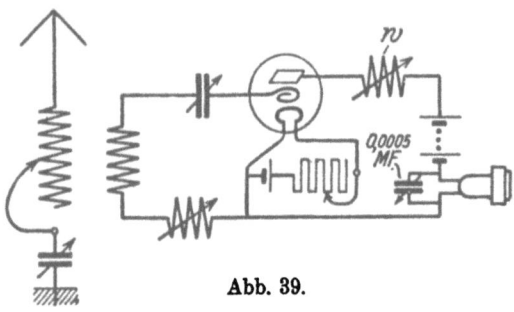

Abb. 39.

Zu Abb. 39 ($EN20$).
Hier und auch in Abb. 36 findet man zur Erzielung sehr kleiner Wellen im Anodenkreis und auch im Sekundärkreis ein Variometer w eingeschaltet, mit denen die Einregulierung erfolgt.

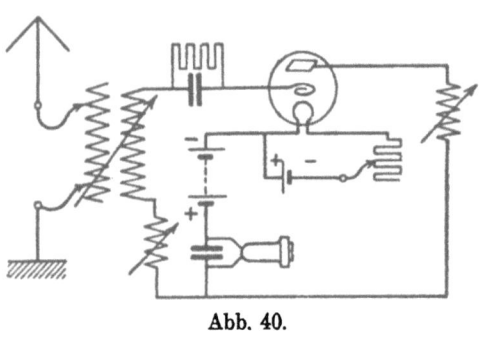

Abb. 40.

Zu Abb. 40.
Eine ähnliche Anordnung wie bei Abb. 39 zeigt Abb. 40, jedoch wurde Telephon und Anodenbatterie in anderer Weise angeschaltet.

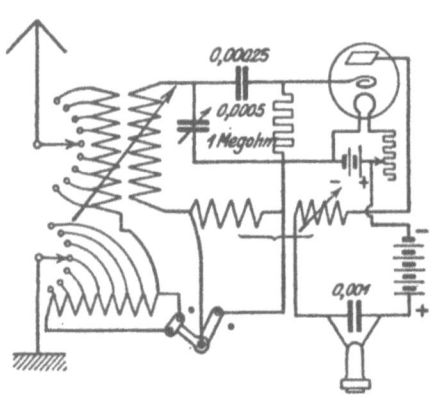

Abb. 41.

Zu Abb. 41.
Für sehr hohe Wellenlängen benutzen die amerikanischen Amateure die in dieser Abbildung dargestellte Original-„Paragon"-Schaltung, bei welcher die Primärspule eine sehr feine Unterteilung zeigt.

Empfangsschaltungen mit Dreielektrodenröhre und Rückkopplung. 17

Zu Abb. 42.
Die Original „Aerolia"-Schaltung. Hierbei rotieren die Spulen E und F in den größeren Spulen A und C, während die Spulen B und D den Spulen A und C im Durchmesser gleichen.

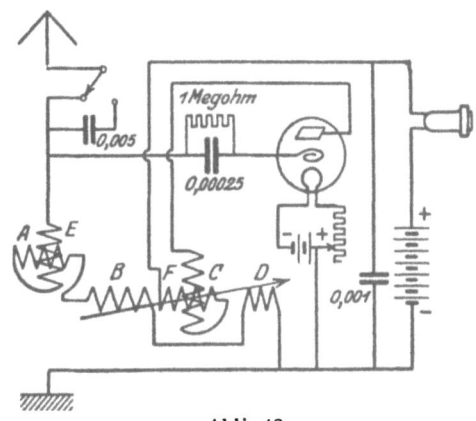

Abb. 42.

Zu Abb. 43.
Das Variometer im Antennenkreis ergibt einen sehr empfindlichen Rückkopplungs-Empfang.

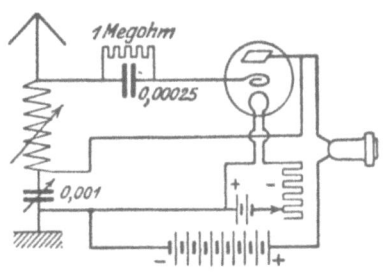

Abb. 43.

Zu Abb. 44.
Hier liegt das Variometer als Rückkopplung im Anodenkreis. Man erhält dadurch 2 Abstimmungsmöglichkeiten.

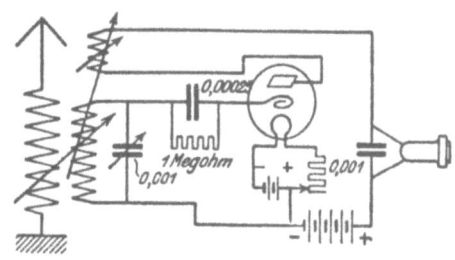

Abb. 44.

Ultra-Audionschaltungen.
Abbildungen 45—51.
Schwebungs-Empfangsschaltungen.
Abbildungen 52—57.

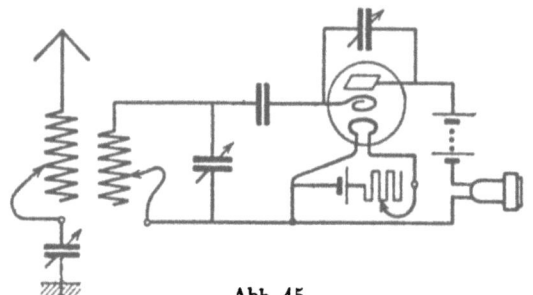

Zu Abb. 45 (*EN 24*). Eine Ultra-Audionschaltung mit Gitteranodenkondensator, einem variablen Kondensator geringer Kapazität.

Abb. 45.

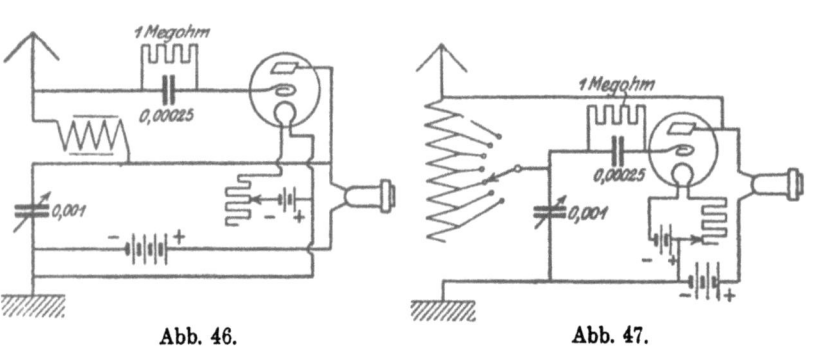

Abb. 46.   Abb. 47.

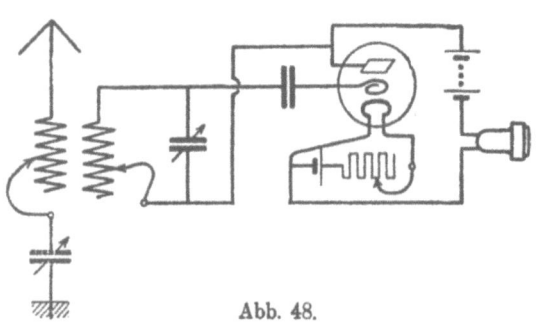

Abb. 48.

Zu Abb. 46, 47 und 48 (*EN 24*). Die Original-L. de Forest-Ultra-Audionschaltungen.

Ultra-Audionschaltungen. — Schwebungs-Empfangsschaltungen. 19

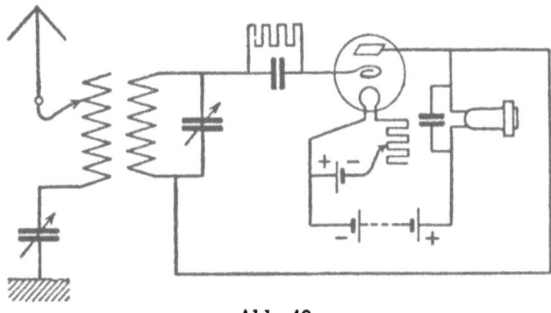

Abb. 49.

Eine andere Ultra-Audionschaltung mit kapazitiver Rückkopplung.

Zu Abb. 50.

Original Reinartz-Schaltung mit kapazitiver Rückkopplung.

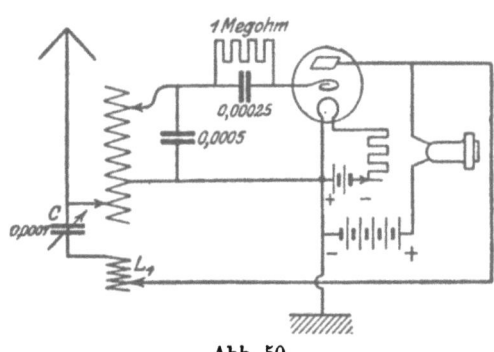

Abb. 50.

Zu Abb. 51.

Ebenfalls eine Original-Reinartz-Schaltung unter Benutzung einer stufenweise variablen Selbstinduktion und eines Variometers. Die rückkoppelnde Kapazität ist ein variabler Kondensator von 0,001 MF.

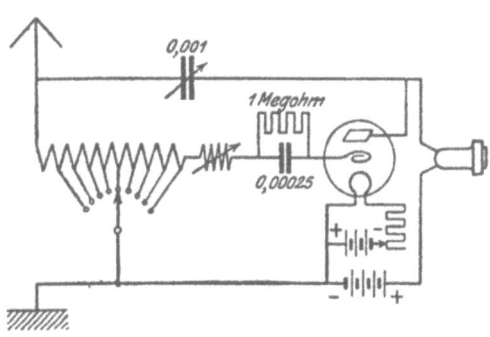

Abb. 51.

2*

20 Ultra-Audionschaltungen. — Schwebungs-Empfangsschaltungen.

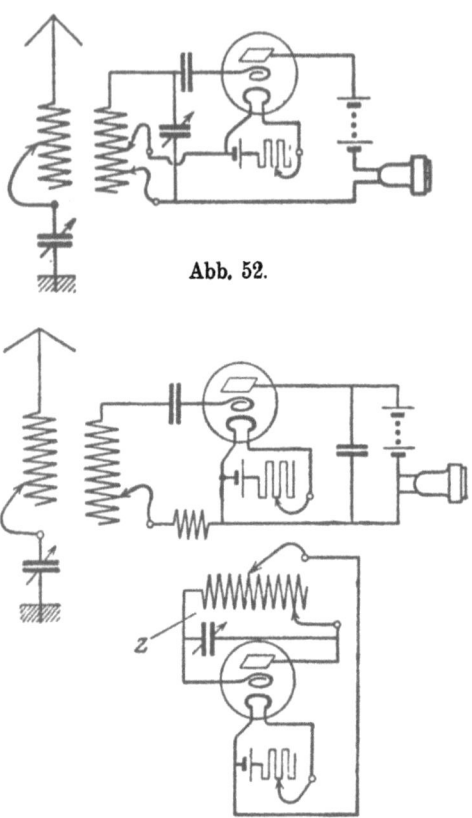

Abb. 52.

Abb. 53.

Zu Abb. 52 (*EN 25*).

Die einfachste Schwebungsempfangsschaltung, wobei der Heizfaden der Röhre ebenso wie die Anode an Stufenspulenkontakte geführt sind.
Veränderlicher Drehkondensator 0,001 MF
Fester Gitterkondensator . . . 0,00025 MF

Zu Abb. 53 (*EN 26*).

In dieser Schaltung ist ein besonderer Schwebungssatz z vorgesehen. Da vollständig getrennte Apparaturen angewendet werden, sind die einzelnen Empfangsteile von einander unabhängig und ist die Abstimmung dadurch in weiten Grenzen regulierbar.
Die Werte für die Kondensatoren bewegen sich in derselben Größenordnung wie bisher.

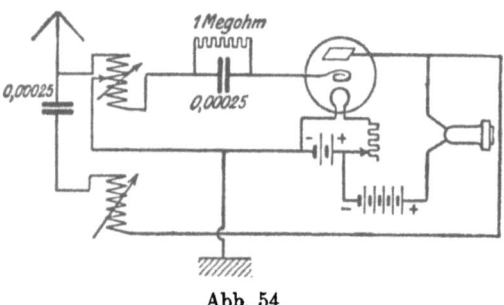

Abb. 54.

Zu Abb. 54.

Eine eigenartige Schaltung zeigt Abbildung 54, wo wir als Abstimmung zwei Variometer verwendet sehen. Das Antennen-Variometer hat einen Mittelanschluß zwischen den beiden festen Spulenteilen, wobei durch Verbindung dieses Punktes mit dem Minuspol der Heizbatterie und der Erdung der Schwebungskreis gegeben ist.

Ultra-Audionschaltungen. — Schwebungs-Empfangsschaltungen. 21

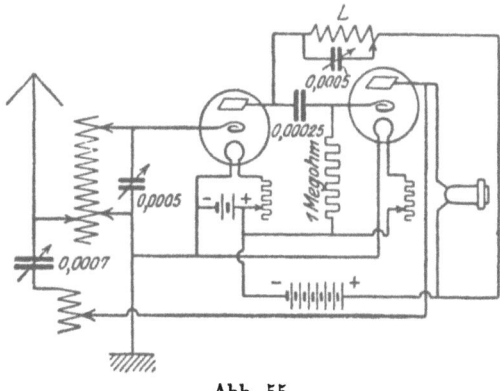

Abb. 55.

Die Abbildung zeigt Schwebungsempfang mit einer Stufe Hochfrequenzverstärkung. Die Schaltung ist in der Hauptsache für den Empfang kleiner Wellen geeignet, wofür die Abstimmung in den Rückkopplungskreis gelegt wurde. Hier wurde eine Spule L verwendet, welche ca. 35 Windungen auf einem Durchmesser von 75 mm zeigt. Die andern Werte sind aus der Schaltung selbst zu entnehmen.

Zu Abb. 56 u. 57.

Zwei sehr selektive Schaltungen unter Verwendung besonders eingerichteter Kopplungseinrichtungen. Hierbei sind die beweglichen, auf eine Kugel gewickelten Sekundärspulen im Innenraum der zylindrischen Primärspule angeordnet. In der Abb. 57 sind außerdem zwei Variometer zu sehen, welche für die Feinabstimmung vorgesehen sind. Die wichtigsten Werte sind aus der Abbildung zu entnehmen.

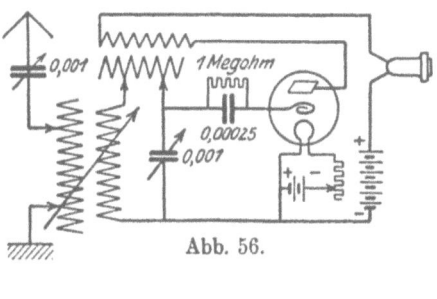

Abb. 56.

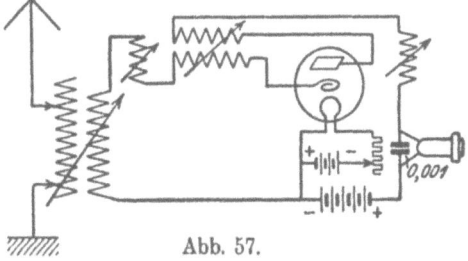

Abb. 57.

Die Dreielektrodenröhre als Niederfrequenzverstärker.

Abbildungen 58—78.

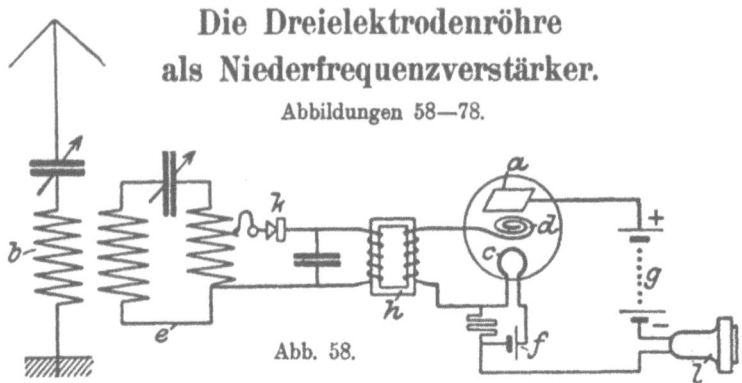

Abb. 58.

Die einfachste Kristall Detektorschaltung mit Niederfrequenzverstärkung. Hierbei ist die Primärspule eines eisengeschlossenen Transformators h an die Stelle des Telephons l getreten, während dessen Sekundärspule einerseits mit dem Heizfaden c, andererseits mit der Gitterelektrode d verbunden ist. Die Werte der Batterien g und h richten sich nach der Röhrentype, die Werte der Kondensatoren können wie bisher angenommen werden. Der Ohmsche Widerstand der Primärspule des Transformators h soll ungefähr dem der Telephonspulen gleichen. Für die Abstimmelemente b und e gilt das unter „Dimensionierung" Gesagte. a ist die Anode, k der Detektor.

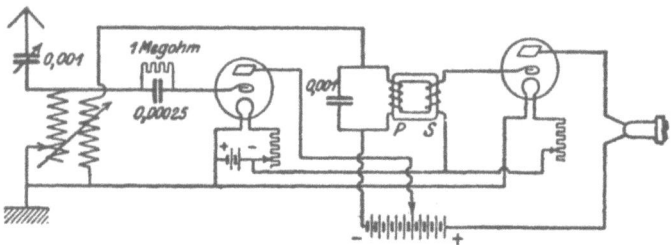

Abb. 59.

Die Schaltung zeigt eine Röhre als Audion geschaltet und einen zweiten Röhrenkreis in Verstärkerschaltung für Niederfrequenz. Man erkennt die Rückkopplungsschaltung, wobei der Anodenkreis über einen Teil der „B"-Batterie, die Primärspule des Transformators und die bewegliche Kopplungsspule geschlossen ist. Ein so geschalteter Empfänger ist für Broadcasting (Rundfunk) geeignet und kann bei Aufstellung in nicht zu großer Entfernung vom Sender auch mit Lautsprecher betrieben werden.

Die Dreielektrodenröhre als Niederfrequenzverstärker. 23

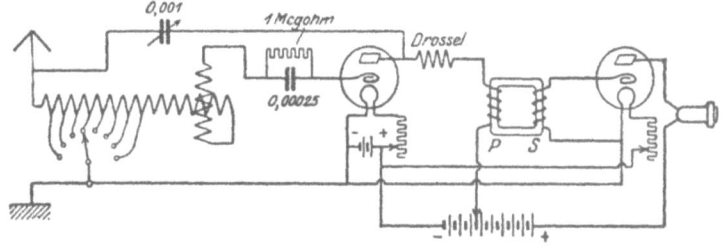

Abb. 60.

Die Schaltung verwendet den in Amerika so beliebten Variokoppler und außerdem eine kapazitive Rückkopplung. Es ist ratsam, in den Anodenkreis eine Hochfrequenzdrossel einzufügen, welche ca. 100 Windungen erhält.

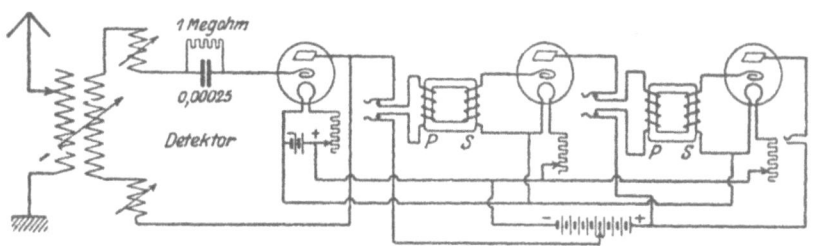

Abb. 61.

Die Abbildung zeigt zwei Niederfrequenzverstärkungen, welche durch Steckkontakte ein- und ausgeschaltet werden können.

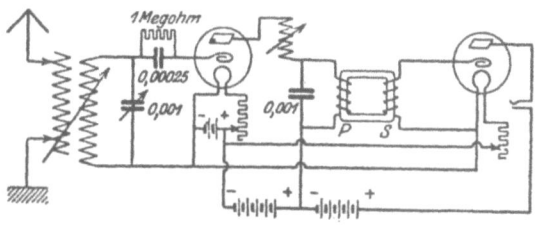

Abb. 62.

Hier sind ebenfalls Steckkontakte verwendet, welche gestatten, an Stelle eines Telephons einen Lautsprecher zu verwenden. P ist die Primärspule eines Niederfrequenztransformators, S dessen Sekundärspule.

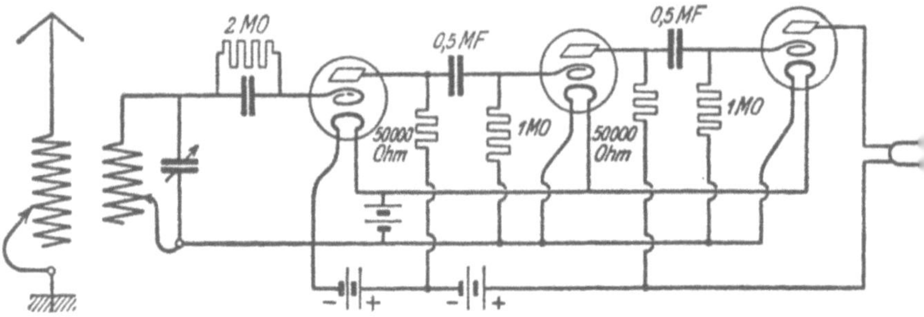

Abb. 63.

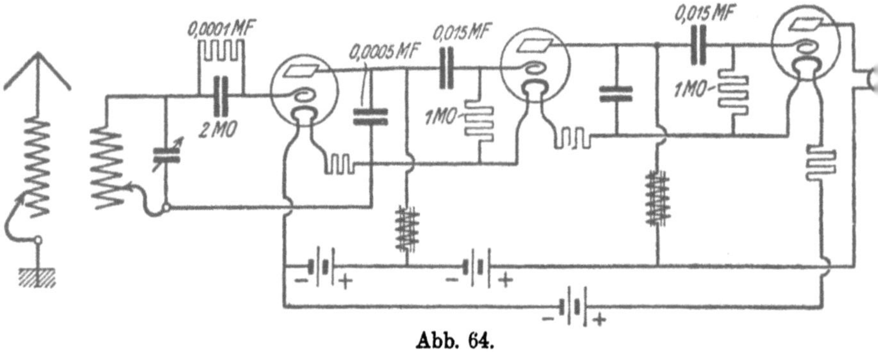

Abb. 64.

Zu Abb. 63 (*EN 30*) u. Abb. 64 (*EN 31*).

Eine Niederfrequenzverstärker Schaltung mit Widerstandskopplung zeigt Abb. 63, während dieselbe jedoch mit Drosselspulen-Kopplung in Abb. 64 angegeben ist.

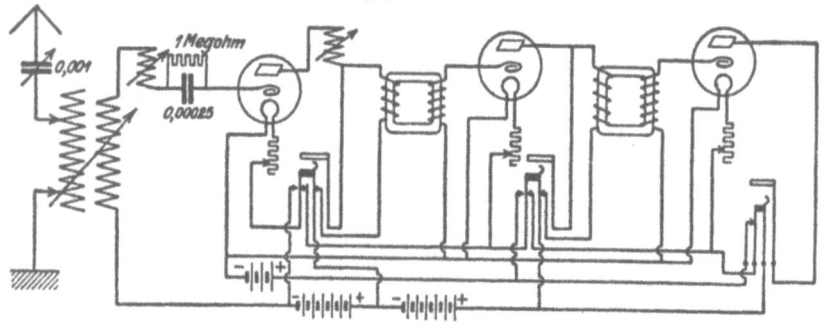

Abb. 65.

Diese Schaltung zeigt eine ähnliche Anordnung wie Abb. 61, nur daß hier die Heizung der Röhren durch Steckkontakte ein- und ausgeschaltet werden kann.

Die Dreielektrodenröhre als Niederfrequenzverstärker.

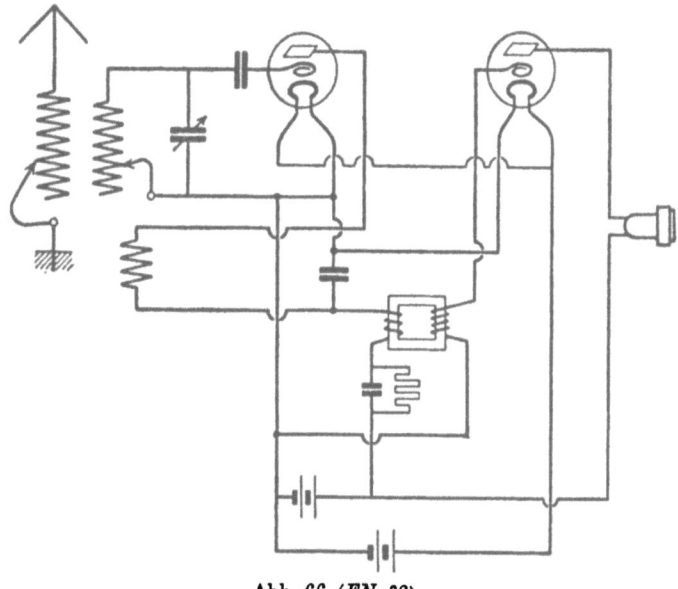

Abb. 66 (*EN 32*).

Um einen Schwebungsempfang zu verstärken, benutzt man eine Schaltung nach Abb. 66, wobei die Kopplung durch einen eisengeschlossenen Transformator bewirkt wird.

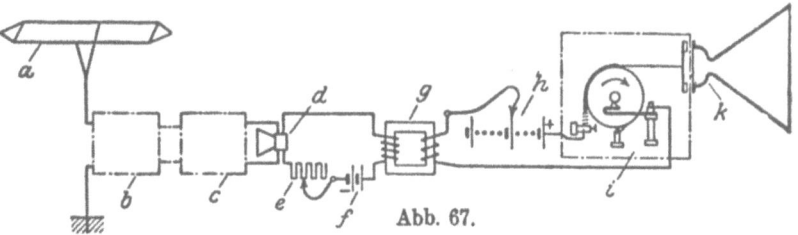

Abb. 67.

Eine Niederfrequenzverstärkung besonderer Art zeigt Abb. 67; es ist eine Schaltung nach dem Prinzip der Lautsprecher-Anordnung von Johnsen-Rahbeck. Im allgemeinen kann man den Lautsprecher nicht direkt unverstärkt an den Empfangsapparat anschalten; es wird meist notwendig sein, eine Ein- oder Mehrröhrenverstärkung vorzuschalten. Die Gesamtanordnung, die sich dann ergibt, ist in dem Schema gemäß Abb. 67 zum Ausdruck gebracht. Mit der Antenne a ist ein Abstimmapparat b verbunden; c ist ein Verstärker, an den ein Mikrophonrelais d oder ein mit einem Mikrophon verbundener Empfänger angeschlossen ist. e ist ein regulierbarer Widerstand, f und h sind Spannungsquellen, g ein Transformator, i der oben erwähnte Lautsprecher mit dem Schalltrichter k. Die Anordnung kann so getroffen werden, daß die Batterie h gleichzeitig auch für das Anodenfeld der Verstärkerröhren dient.

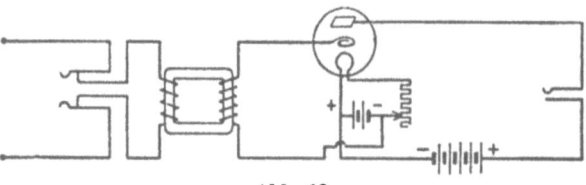

Abb. 68.

Wird ein Niederfrequenz-Verstärker für sich allein in einem Gehäuse untergebracht, so empfiehlt sich eine Schaltung nach Abb. 68. Auch hier sind Steckkontakte angewendet worden.

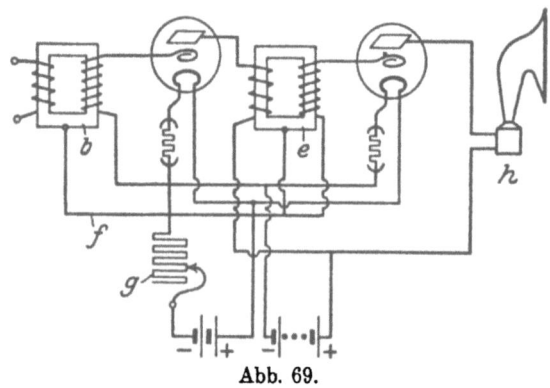

Abb. 69.

Abb. 69 zeigt eine Zweifach-Niederfrequenzverstärker-Anordnung und zwar mit angeschaltetem Lautsprecher h. Um ein Pfeifen des Verstärkers auszuschließen sind die beiden Eisenkerne b und e der Transformatoren durch eine Leitung f miteinander verbunden. g ist ein zusätzlicher Heizregulierwiderstand.

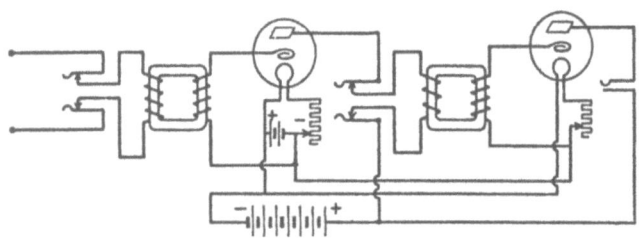

Abb. 70.

Zu Abb. 70 u. 71.

Ebenfalls zweifache Niederfrequenzverstärker-Anordnungen zeigen die Abb. 70 u. 71. Hier sind jedoch außerdem die Stecker und Buchsen für die Kontrolle und Anschaltung der beiden Verstäikerstufen einschließlich der Heizung ausführlich dargestellt.

Die Dreielektrodenröhre als Niederfrequenzverstärker. 27

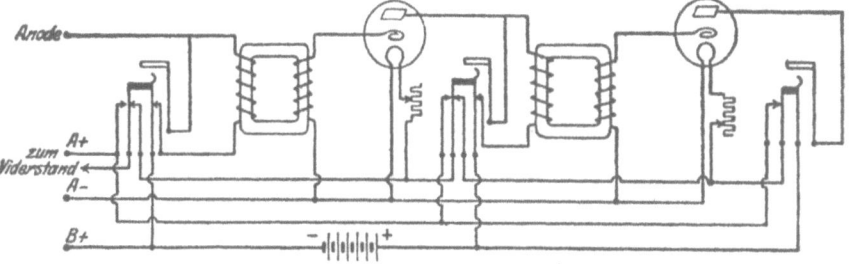

Abb. 71.

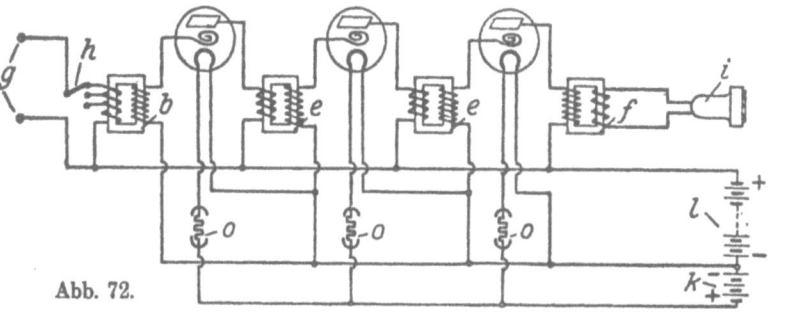

Abb. 72.

Eine dreifache Niederfrequenz-Verstärkung zeigt Abb. 72, wobei der vom Transformator f herabtransformierte Strom dem Telephon i zugeführt wird. Bei g wird der Verstärker mit dem Empfänger verbunden. Die Primärspule des Transformators b ist mit einem Schalter h versehen, der drei verschiedene Anzapfungen der Primärwicklung einzuschalten gestattet. Mit e sind die beiden Zwischentransformatoren bezeichnet. Um die Heizstromstärke automatisch zu regulieren, sind Eisen-Wasserstoffwiderstände o vorgesehen.

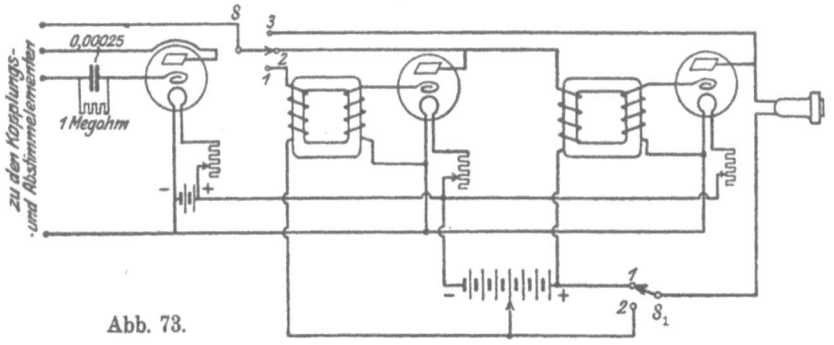

Abb. 73.

Eine Niederfrequenz-Verstärkung mit zwei durch kleine Schalter wahlweise einzuschaltenden Verstärkerstufen. Soll die Audionröhre allein benutzt werden, dann wird beim Schalter S der Kontakt 3, beim Schalter S_1 der Kontakt 2 geschlossen. Für eine Stufe Verstärkung muß Kontakt 2 beim Schalter S und Kontakt 1 beim Schalter S_1 geschlossen sein. Für zwei Verstärkungen stehen beide Schalter auf Kontakt 1.

28   Die Dreielektrodenröhre als Niederfrequenzverstärker.

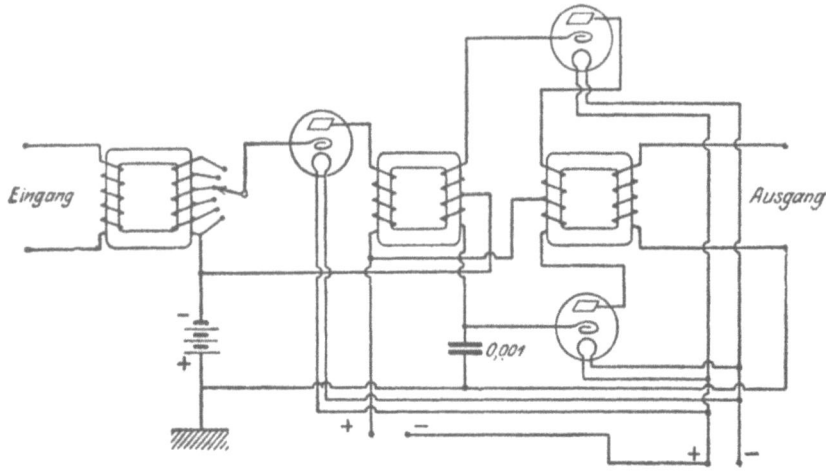

Abb. 74.

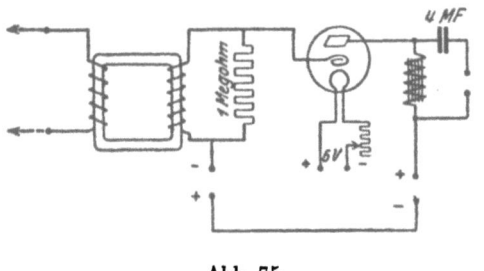

Abb. 75.

Zu Abb. 74.

Eine sehr große Verstärkung bringt eine Schaltung nach Abb. 74, wo bei dreistufiger Verstärkung zwei Röhren parallel geschaltet sind.

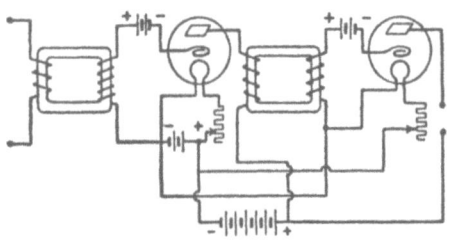

Abb. 76.

Zu Abb. 75 u. 76.

Diese Schaltungsanordnung arbeitet mit negativer Gittervorspannung, um die Steuerung der Elektronenmission durch das Gitter zu unterstützen.

Die Dreielektrodenröhre als Hochfrequenzverstärker. 29

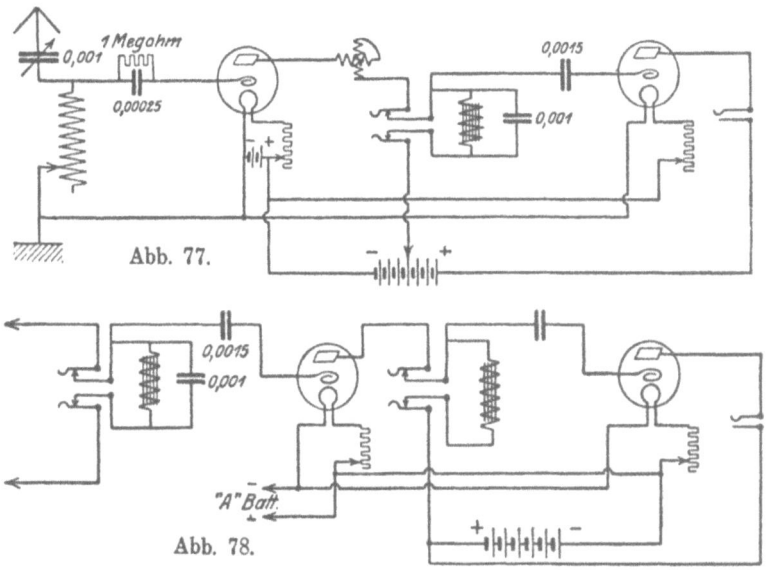

Abb. 77.

Abb. 78.

Zu Abb. 77 u. 78.
Die einstufige Verstärkeranordnung Abb. 77 sowie die zweistufige Verstärkeranordnung Abb. 78 zeigen Drosselspulen als Übertrager an Stelle von eisengeschlossenen Transformatoren.

Die Dreielektrodenröhre als Hochfrequenzverstärker.
Abbildungen 79—104.

Eine prinzipielle Anordnung von Hochfrequenzverstärkung zeigt Abb. 79. Hierbei wird die dem Detektor k zugeführte Hochfrequenzenergie in ihrer Amplitude verstärkt. Die mit b und h bezeichneten Spulen sind Kopplungsanordnungen.

Werte der Drehkondensatoren 0,001 MF.

Über die weiteren Bezeichnungen siehe Abb. 58.

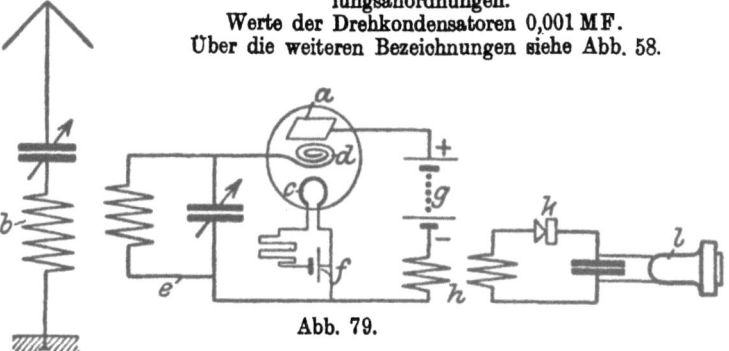

Abb. 79.

Zu Abb. 80, 81 u. 81a.

Bei diesen Mehrfachverstärker-Schaltungen ist die Röhrenkopplung ganz verschieden gewählt. Während die Abb. 80 und 81 eisenlose Transformatoren zeigen, erkennt man bei Abb. 81a mit h gekennzeichnete Ohmsche Widerstände. Der Einfachheit halber sind die Heizdraht-Regulierwiderstände fortgelassen.

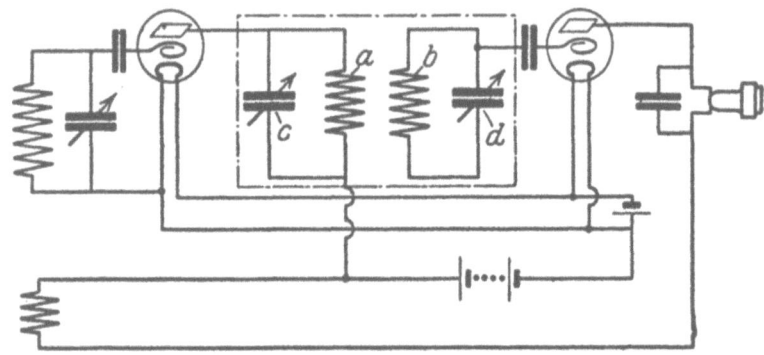

Abb. 80.

Der eisenlose Transformator wird hier durch die Spulen a und b gebildet. Zu jeder Spule liegt ein abstimmbarer Kondensator parallel (c und d).

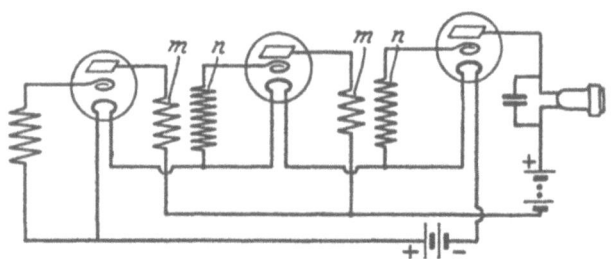

Abb. 81.

Die Primärspulen des eisenlosen Transformators sind hier mit m bezeichnet, die Sekundärspulen mit n.

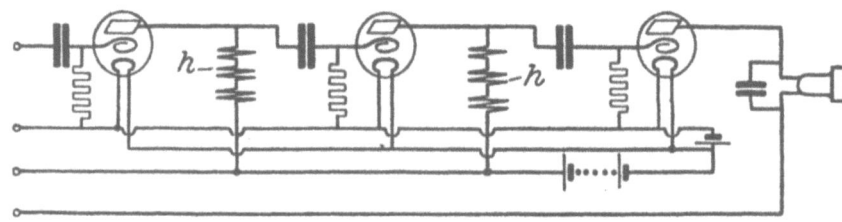

Abb. 81a.

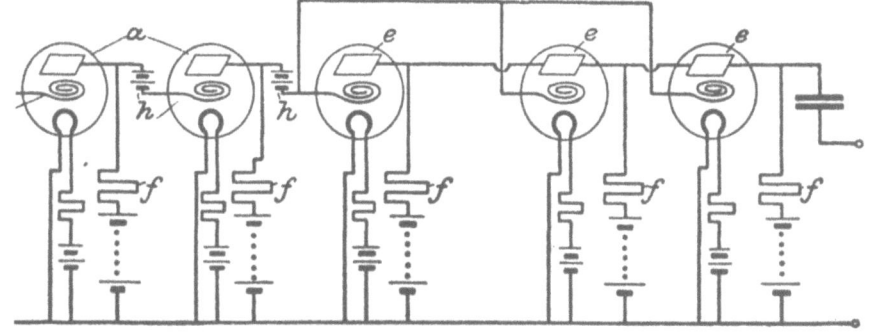

Abb. 82.

In Abb. 82 ist eine Verstärkerröhrenschaltung mit zwei in Serie arbeitenden Röhren a für die Anfangsverstärkung und hierauf drei parallel geschalteten Röhren e, durch welche zwar die Spannung etwas erniedrigt, der resultierende Strom aber erhöht wird, für die Endverstärkung wiedergegeben, wobei an Stelle der Transformatoren in die Anodenleitungen Ohmsche Widerstände f von je etwa 100 000 Ohm eingeschaltet sind. Die Batterien h sollen einen solchen Widerstand besitzen, daß die Gitterelektrode d normal auf eine Spannung von etwa 5 Volt negativ gegenüber der mit ihr in einem Glasgefäß vereinigten Kathode gebracht ist.

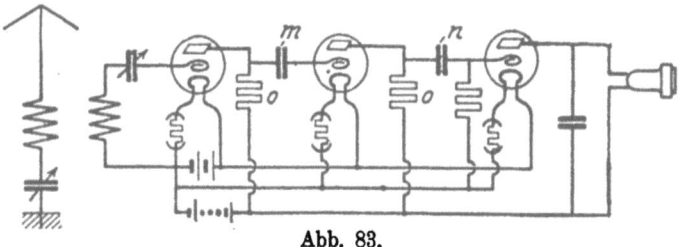

Abb. 83.

In Abb. 83 wird die Kopplung zwischen den Röhren durch Kondensatoren m und n von je ca. 0,00025 MF bewirkt.
Die außerdem vorhandenen Widerstände o wählt man zweckmäßig zu 2 bis 5 Megohm.

Zu Abb. 84.

Bei den vorherigen Schaltungen können durch rückkoppelnde Spannungsdifferenzen leicht Eigenschwingungen auftreten, die man durch entsprechende Einregulierung des Heizstromes nicht immer sicher vermeiden könnte. Abb. 84 zeigt nun eine nichtschwingende Spannungsübertragungsschaltung nach Leithäuser,

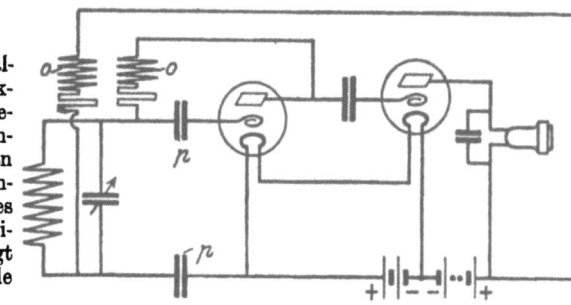

Abb. 84.

welche das Inschwingunggeraten durch Einschaltung eines hochohmigen Widerstandes zwischen Gitter und Anode verhindert. An Stelle der Widerstände o können auch Drosselspulen verwendet werden. Die Kondensatoren p wählt man zu ungefähr 0,0003 MF.

32 Die Dreielektrodenröhre als Hochfrequenzverstärker.

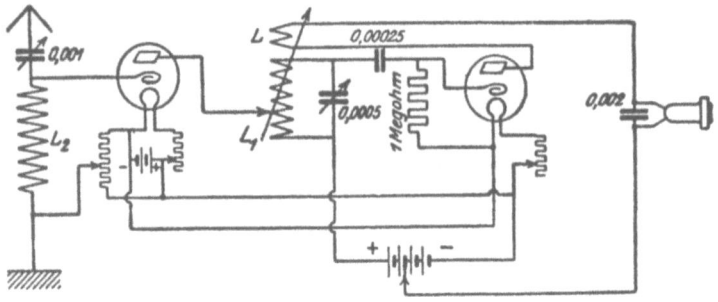

Abb. 85.

Die Abbildung zeigt eine Primärröhrenschaltung mit Hochfrequenzverstärkung. Wählt man für die Antennenspule L_2 eine Honigwabenspule, so kann sie ungefähr 50 Windungen besitzen. Für die Abstimmungskreisspule L_1 dürften 35 Windungen genügen, während die Rückkopplungsspule L zweckentsprechend 25 Windungen erhält. Der Potentiometerwiderstand hat 400 Ω.

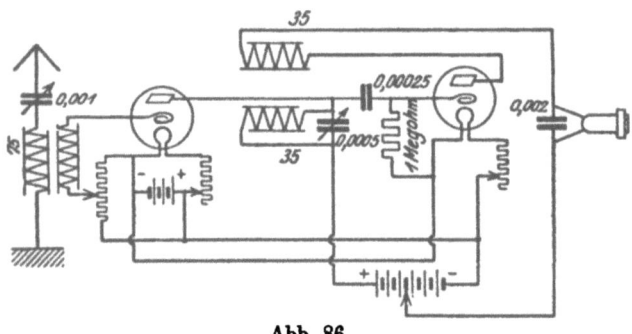

Abb. 86.

Dieselbe Anordnung wie Abb. 85, jedoch als Sekundär-Empfänger geschaltet.

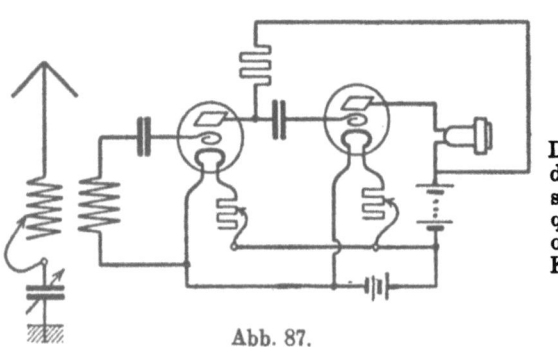

Abb. 87.

Zu Abb. 87.

Die Abbildung zeigt das theoretische Schaltschema des Hochfrequenzverstärker-Audion-Empfängers von Kramolin in München.

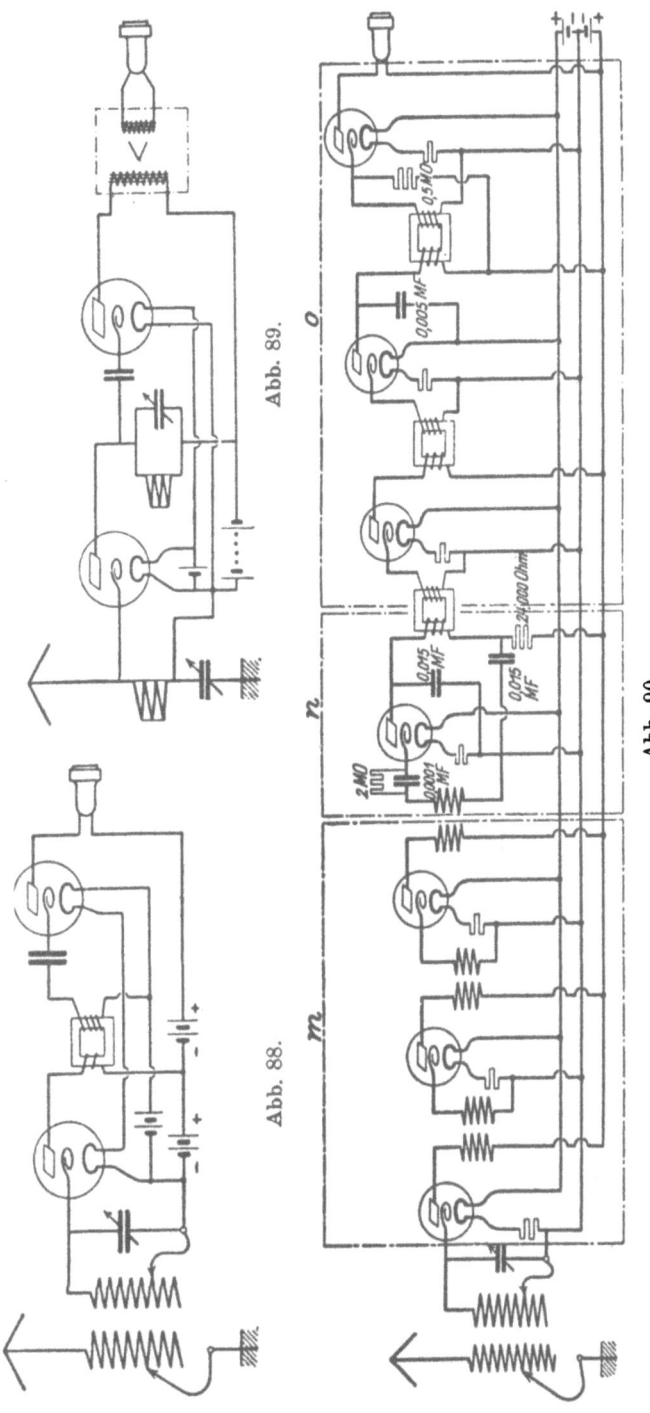

Abb. 88.

Abb. 89.

Abb. 90.

Zu Abb. 88, 89 u. 90.

Hochfrequenzverstärkung in Verbindung mit Niederfrequenzverstärkung und Audionschaltung zeigen die Abb. 88, 89 u. 90. In Abb. 90 stellt *m* die dreistufige Hochfrequenzverstärkung, *n* den Audionkreis und *o* die ebenfalls dreistufige Niederfrequenzverstärkung dar.

34 Die Dreielektrodenröhre als Hochfrequenzverstärker.

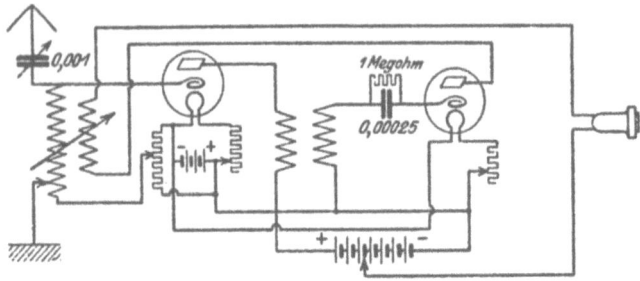

Abb. 91.

Eine Primär-Rückkopplungsanordnung mit Kopplung der Röhren durch eisenlosen Hochfrequenz-Transformator.

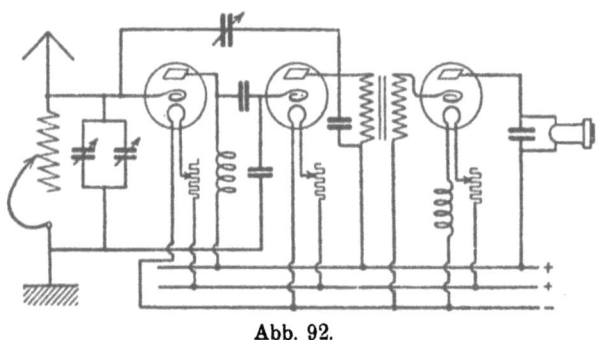

Abb. 92.

Eine kapazitive Rückkopplung zeigt die in Abb. 92 dargestellte Schaltung eines Dreiröhrenempfängers der Firma Radiofrequenz, Berlin-Friedenau.

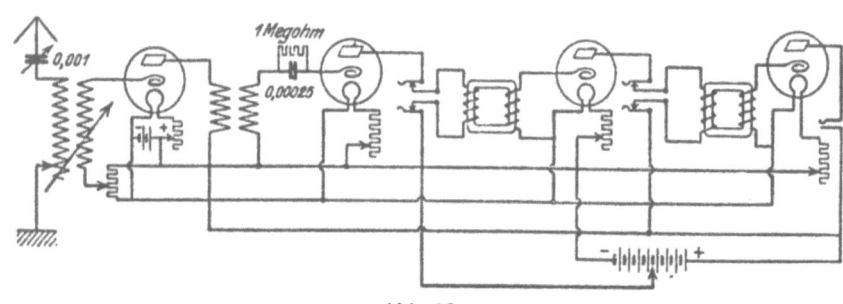

Abb. 93.

Eine sehr gute Kombination zeigt der in Abb. 93 dargestellte Vierröhrenempfänger mit einer Hochfrequenzverstärkung, einem Audion und zwei Niederfrequenzverstärkungen.

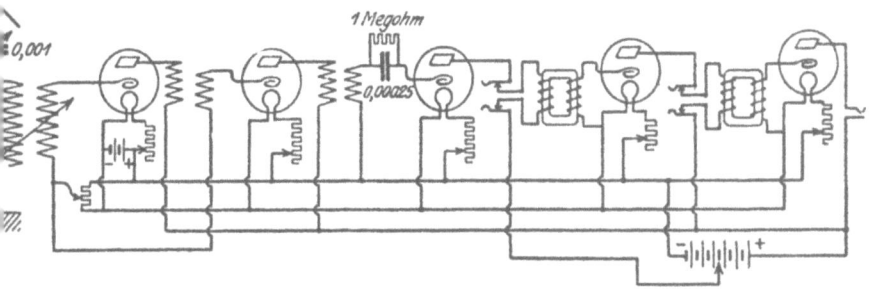

Abb. 94.

Diese Schaltung ist noch um eine Hochfrequenzverstärkung erweitert, als Abb. 93 zeigt, und könnte auch mit Rahmenantenne benutzt werden.

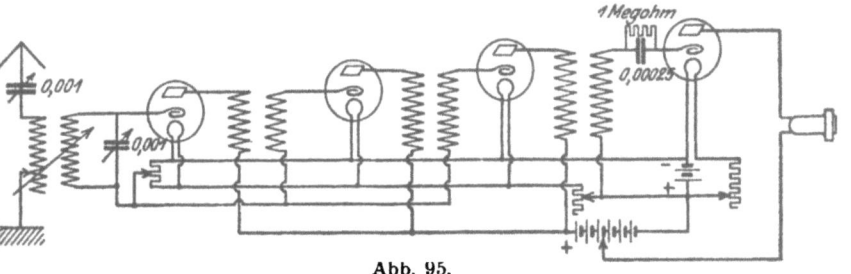

Abb. 95.

Eine Vierröhrenschaltung mit drei Hochfrequenzverstärkungen, wobei die Kopplung der Röhren durch Hochfrequenztransformatoren bewirkt wird. Die letzte Röhre ist als Audion geschaltet.

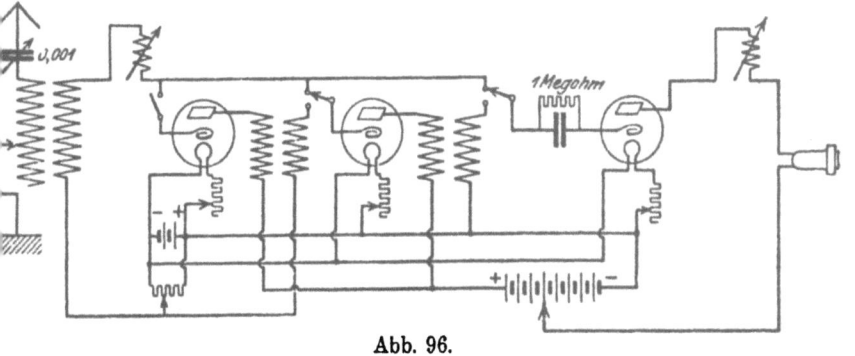

Abb. 96.

Die Abbildung zeigt eine Dreiröhren-Hochfrequenzverstärkung, wobei durch Schalter die einzelnen Stufen wahlweise an- und abgeschaltet werden können.

36 Die Dreielektrodenröhre als Hochfrequenzverstärker.

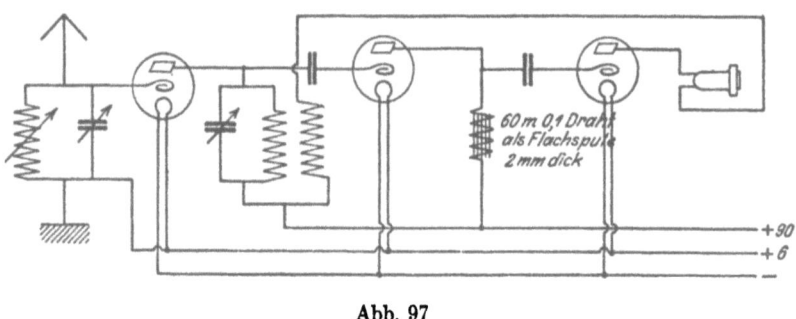

Abb. 97

Eine Hochfrequenzverstärkerschaltung mit hohem Wirkungsgrad zeigt Abb 97. Abstimmschärfe und Lautstärke sind sehr gut und werden hauptsächlich durch den Schwingungskreis nach der ersten Röhre gezeitigt. Dieser Schwingungskreis erhält vorteilhafterweise dieselben Werte wie der Antennenkreis. In den Anodenkreis der zweiten Röhre ist als Kopplung eine Drosselspule eingeschaltet, deren Abmessungen aus der Abbildung hervorgehen.

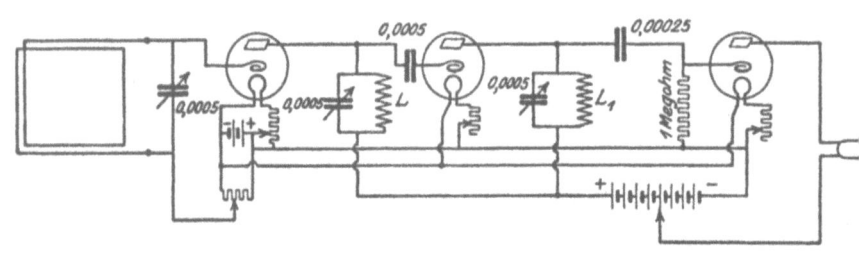

Abb. 98.

Die Abb. 98 zeigt einen Rahmenempfänger mit zwei Stufen abstimmbarer Hochfrequenzverstärkung.
Bei Benutzung von Honigwabenspulen von ungefähr 35 Windungen für die mit L und L_1 angegebenen Selbstinduktionen eignet sich die Schaltung sehr gut für Rundfunkaufnahme.

Die Dreielektrodenröhre als Hochfrequenzverstärker. 37

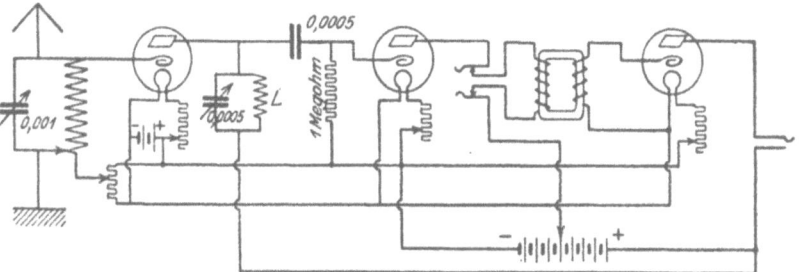

Abb. 99.

Eine Anordnung mit einer Stufe Hochfrequenzverstärkung, einem Röhrendetektor und einer Niederfrequenzverstärkung zeigt Abb. 99. Hierbei ist vorgesehen, die Niederfrequenzverstärkung wahlweise an- und abzuschalten.

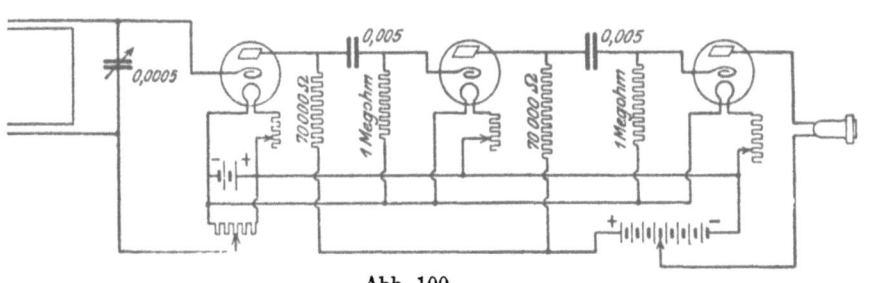

Abb. 100.

Die in Abb. 100 angegebene Schaltung benutzt zur Kopplung der Röhren hochohmige Widerstände von 70000 Ω, während die Ableitungswiderstände einen Wert von 1 Megohm haben sollen.

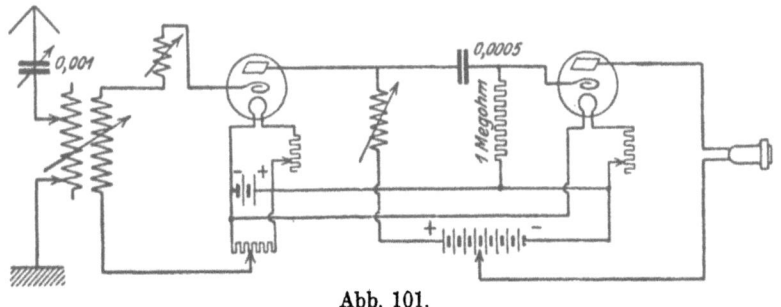

Abb. 101.

An Stelle von Widerständen für die Kopplung zeigen die Abb. 101 u. 102 Variometer. Außerdem ist auch im Gitterkreis ein Variometer vorgesehen.

38 Die Dreielektrodenröhre als Hochfrequenzverstärker.

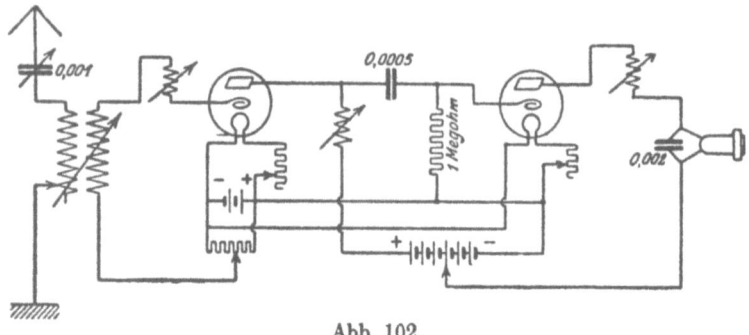

Abb. 102.

Eine sehr ausgiebige Benutzung von Variometern für Abstimmungs- und Kopplungszwecke zeigt Abb. 102.

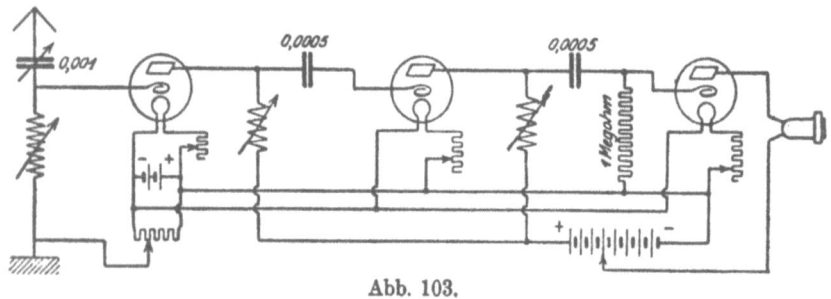

Abb. 103.

Drei Variometer benutzt auch die Schaltung nach Abb. 103, wobei ein Variometer in den Antennenkreis geschaltet ist.

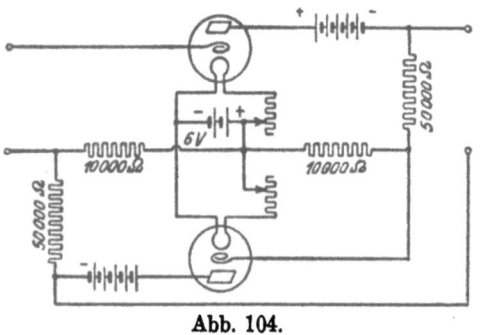

Abb. 104.

Zu Abb. 104.

Die Abb. 104 zeigt eine Schaltung zweier Röhren für sehr große Verstärkung. Die Kopplung der Röhren geschieht durch Widerstände, wobei R zu ungefähr $50000\,\Omega$ und R_1 zu ungefähr 10000 gewählt wird. Die Klemmen links führen zu den Abstimmitteln, während die rechts gezeichneten Klemmen mit der Audionröhre verbunden werden.

Amerikanische
Neutrodyne-, Reflex- und Superregenerativ- sowie Superheterodyne-Schaltungen.
Abbildungen 105—123.

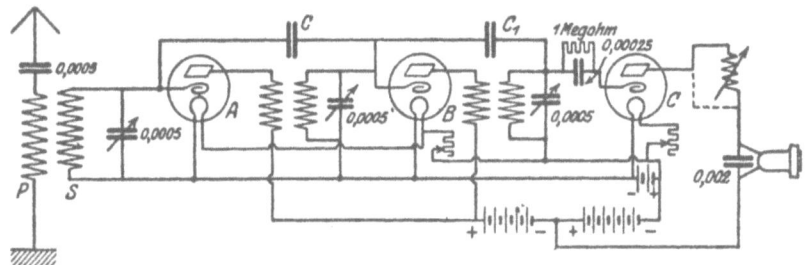

Abb. 105.

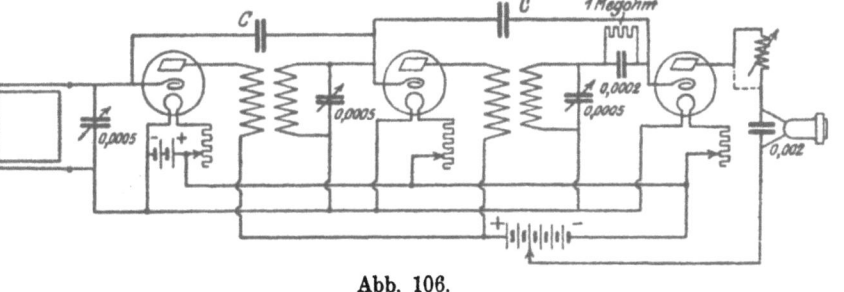

Abb. 106.

Zu Abb. 105 u. 106.

Die Anordnung nach Abb. 105 u. 106 ist die als sehr empfindlich und selektiv bezeichnete Neutrodyne-Empfangs-Schaltung, wobei zwei Stufen Hochfrequenzverstärkung verwendet sind und die Röhren durch Hochfrequenz-Transformatoren gekoppelt sind. Die beiden Kondensatoren C und C' von je ca. 1 cm dienen dazu, ein Inschwingengeraten des Systems zu verhindern. Will man mit Rückkopplung arbeiten, kann man das im Anodenkreis der Audionröhre vorgesehene Variometer einschalten. Abb. 106 zeigt dieselbe Schaltung jedoch mit einer Rahmenantenne.

Amerikanische Neutrodyne- und Reflex-Schaltungen.

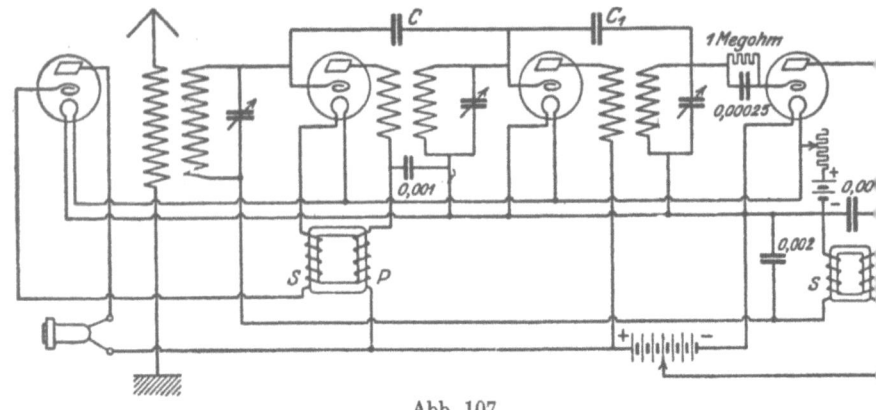

Abb. 107.

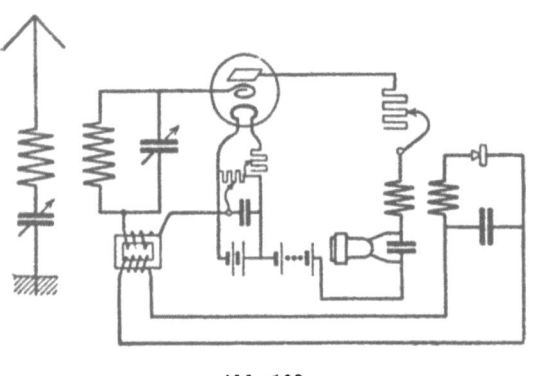

Abb. 108.

Zu Abb. 107.

Eine Vierröhren-Neutrodyne-Empfängerschaltung zeigt Abb. 107 mit zwei Stufen Hochfrequenz- und zwei Stufen Niederfrequenzverstärkung. Auch diese Schaltung kann mit Rahmenantenne benutzt werden.

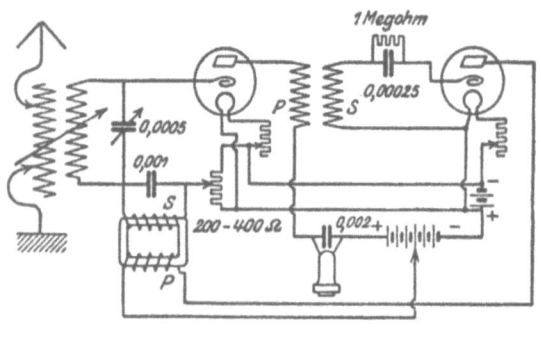

Abb. 109.

Zu Abb. 108 u. 109.

Eine Reflexschaltung unter Benutzung einer Röhre zeigt Abb. 108, wobei die Gleichrichtung durch den Kristalldetektor erfolgt. Abb. 109 sieht dafür eine als Audion geschaltete zweite Röhre vor.

Amerikanische Reflex-Schaltungen.

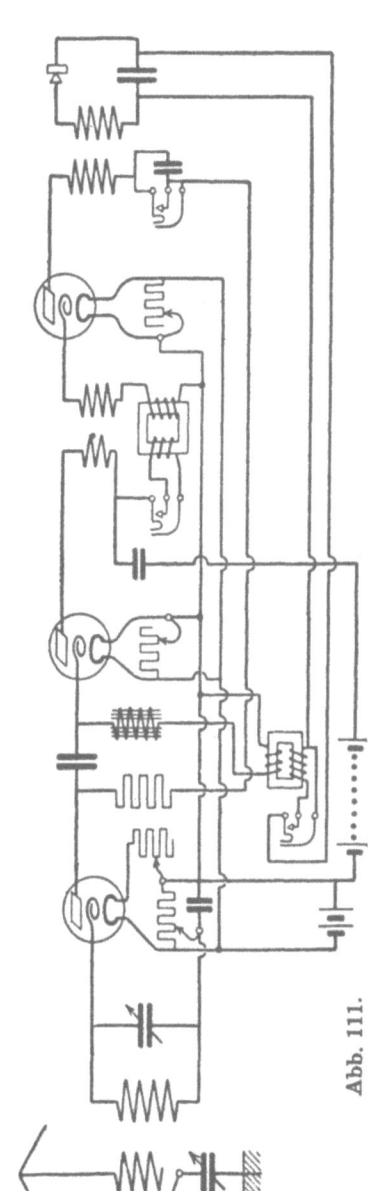

Abb. 110.

Abb. 111.

Zu Abb. 110.

Ein Dreiröhren-Reflexempfänger mit zwei Stufen Hochfrequenz- und zwei Stufen Niederfrequenzverstärkung. Die dritte Röhre wirkt als Audion.

Zu Abb. 111.

Ebenfalls ein Dreiröhren-Reflexempfänger, jedoch ist bei zweistufiger Hoch- und Niederfrequenzverstärkung eine einstufige Hochfrequenzverstärkung mit Widerstandskopplung vorgesehen. Die Gleichrichtung geschieht durch Kristalldetektor.

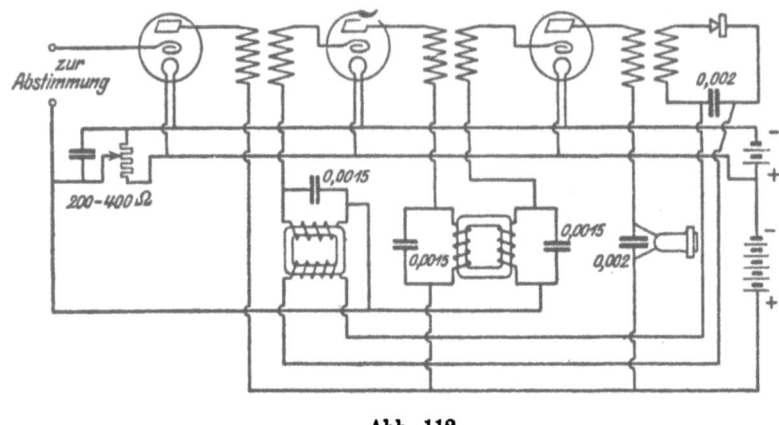

Abb. 112.

Eine ähnliche Schaltung wie Abb. 111 zeigt Abb. 112. Hier geschieht die Kopplung der ersten beiden Röhren durch Hochfrequenz-Transformator.

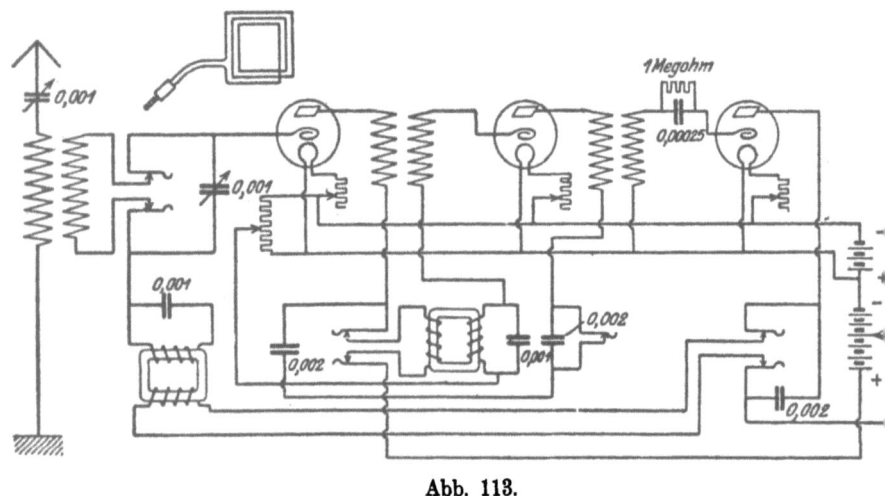

Abb. 113.

In Abb. 113 ist dieselbe Schaltung durch Steckvorrichtungen erweitert, welche ein wahlweises An- und Abschalten der einzelnen Elemente gestatten.

Amerikanische Reflex- und Superregenerativ-Schaltungen. 43

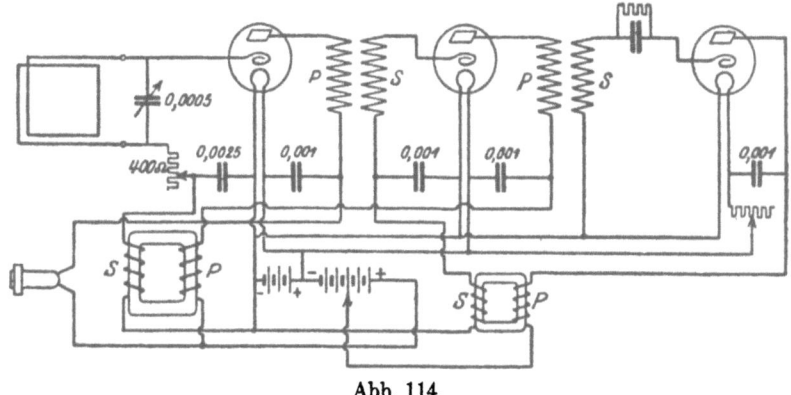

Abb. 114.

Zu Abb. 114.

Dieses Schema zeigt eine Reflexschaltung mit zwei Stufen Hochfrequenz- und zwei Stufen Niederfrequenzverstärkung. Es ist insofern vorteilhafter als Schema nach Abb. 113, als alle Kreise gleichbelastet sind und die Wege für die Hochfrequenzströme sehr kurz gewählt wurden.

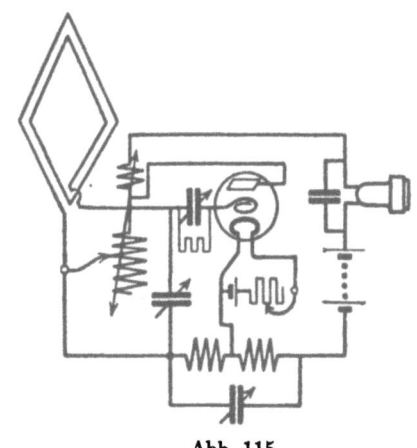

Abb. 115.

Zu Abb. 115 u. 116.

Die Abb. 115 u. 116 stellen die einfachsten Ausführungen der Superregenerativ-Schaltung von Armstrong dar.

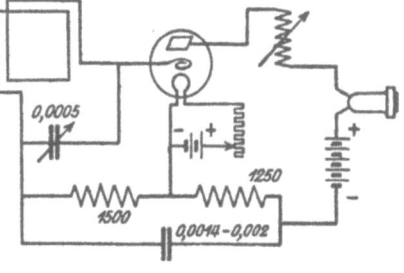

Abb. 116.

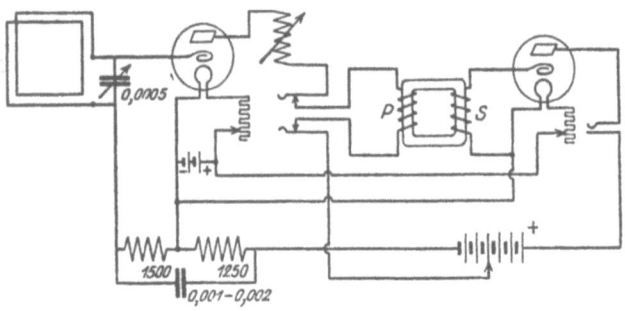

Abb. 117.

Eine Zweiröhrenschaltung, ähnlich Abb. 115 u. 116, zeigt Abb. 117, jedoch ist noch eine Stufe Niederfrequenzverstärkung hinzugekommen.

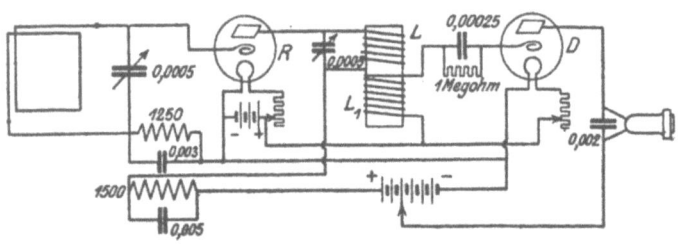

Abb. 118.

Eine andre Ausführung einer Zweiröhren-Superregenerative-Schaltung zeigt Abb. 118. Hier wirkt die erste Röhre als Regenerator und die zweite als Detektor.

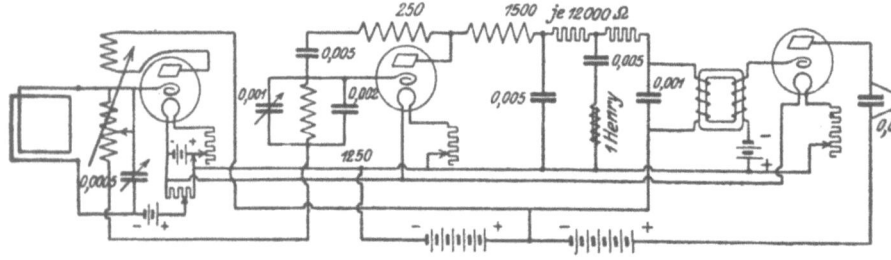

Abb. 119.

Bei der in Abb. 119 wiedergegebenen Original-Armstrong-Schaltung wirkt die erste Röhre als Regenerator und Gleichrichter, die zweite als Schwingungserzeuger und die dritte als Niederfrequenzverstärker.

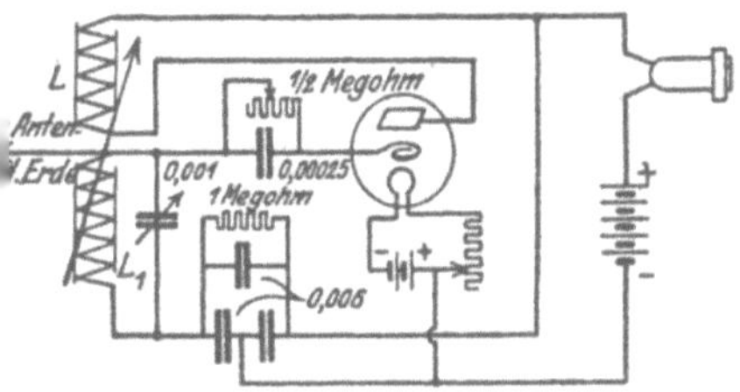

Amerikanische Superregenerativ- und Superheterodyne-Schaltungen. 45

Abb. 120. 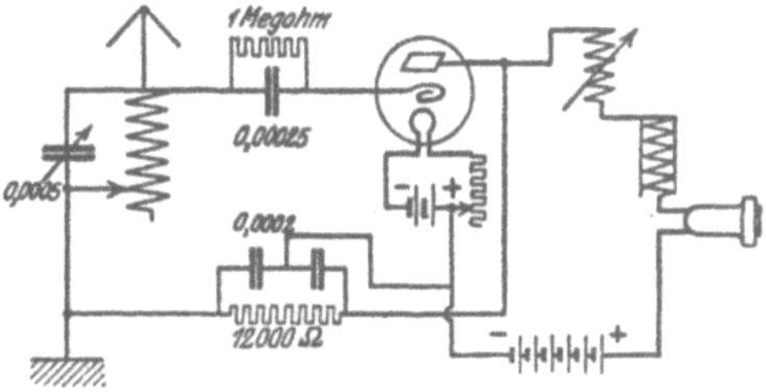   Abb. 121.

Zu Abb. 120 u. 121.

Die Abb. 120 zeigt die Flewelling-Superregenerative-Schaltung und Abb. 121 den Bishop-Ultra-Regenerator.

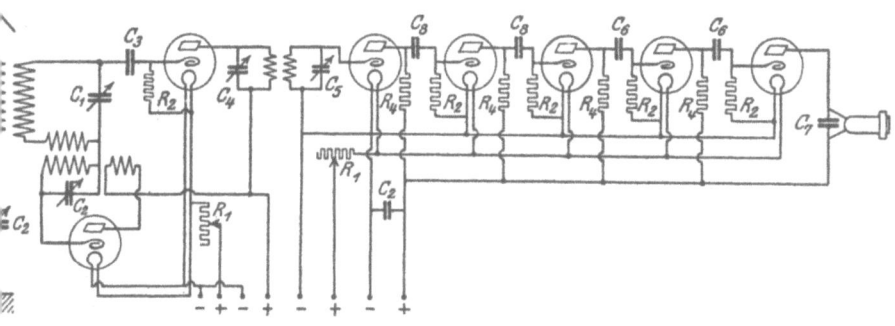

Abb. 122.

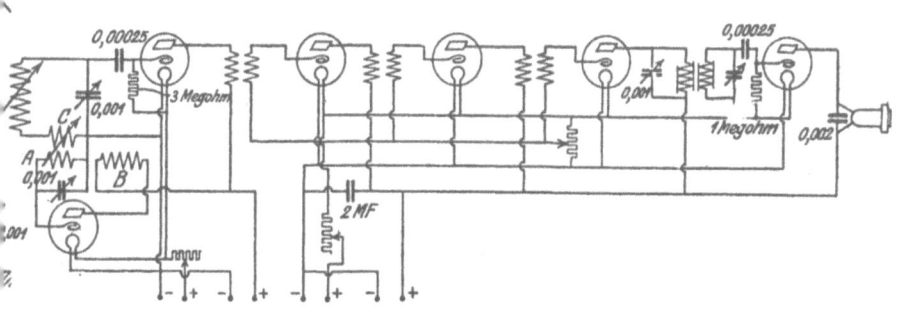

Abb. 123.

Zu Abb. 122 u. 123.

Die Abb. 122 u. 123 zeigen die Armstrong-Superheterodyne-Schaltung.

Schaltungen verschiedenster Art.
Abbildungen 124—140.

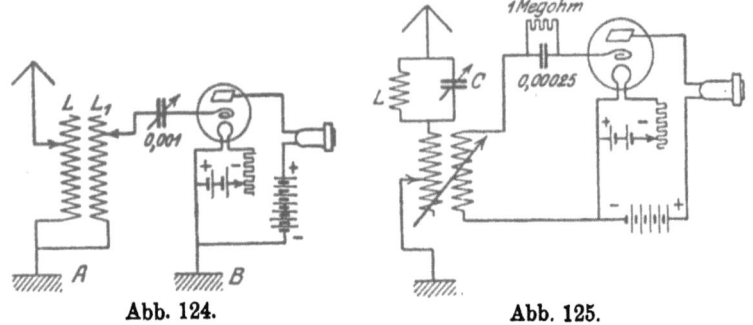

Abb. 124.   Abb. 125.

Zu Abb. 124.
Eine Schaltung mit einpolig, nur am Gitter angeschalteter Dreielektrodenröhre. Solche Schaltung kann notwendig werden, wenn sich der Empfänger in der Nähe einer Licht- oder Kraftstation befindet.

Zu Abb. 125.
Ein Kreis mit Wellennetz zum Unschädlichmachen (Eliminieren) von störenden Sendern. Wenn das Netz auf die störende Wellenlänge abgestimmt ist, werden diese Signale von dem Netzkreis aufgefangen und gelangen nicht in den Empfangskreis.

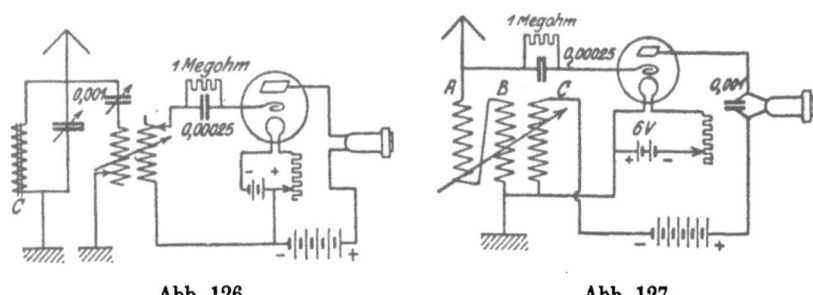

Abb. 126.   Abb. 127.

Zu Abb. 126.
Die Schaltung nach Abb. 126 versucht dasselbe wie Abb. 125 mit einem Kreis bestehend aus Eisendrossel und Drehkondensator.

Zu Abb. 127.
Einen Primärkreisempfänger mit Rückkopplung zeigt Abb. 127 Abstimmung erfolgt durch die Kopplungsspule A Die Spule B soll ebenso wie A 60 Windungen erhalten, während für Spule C ungefähr 35 Windungen genügen.

Schaltungen verschiedenster Art.   47

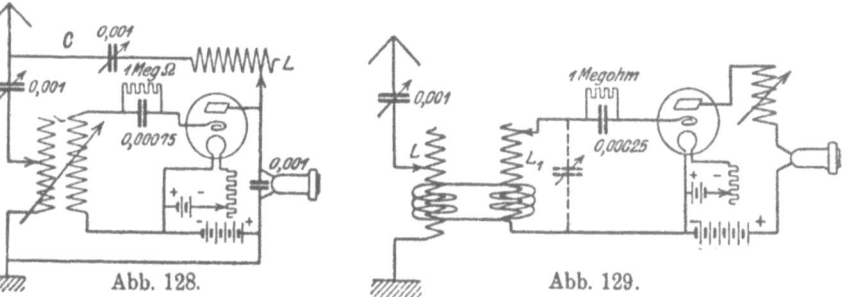

Abb. 128.   Abb. 129.

Zu Abb. 128.

Ebenfalls eine Anordnung, welche störende Stationen eliminiert. Man stimmt den Kreis $C-L$ auf die Wellenlänge der störenden Station ab und das Signal wird verschwinden. Die Spule L wählt man vorteilhaft zu 50 Windungen.

Zu Abb. 129.

Einen Kreis mit fester Kopplung zeigt Abb. 129. Der Kopplungskreis besteht aus je 3 Windungen isolierten Drahtes, welche außen um die Kopplungsspulen gelegt sind, wobei die Abstimmung durch Verschiebung dieses Kreises geschieht.

Zu Abb. 130.

In dieser Schaltung wäre zu beachten, daß die Spule L nicht auf die Spule L_1 und L_2 einwirken soll. Der Anschluß der Antenne an Spule L_1 muß durch Experiment bestimmt werden. Es kann ebensogut Punkt A oder Punkt B sein.

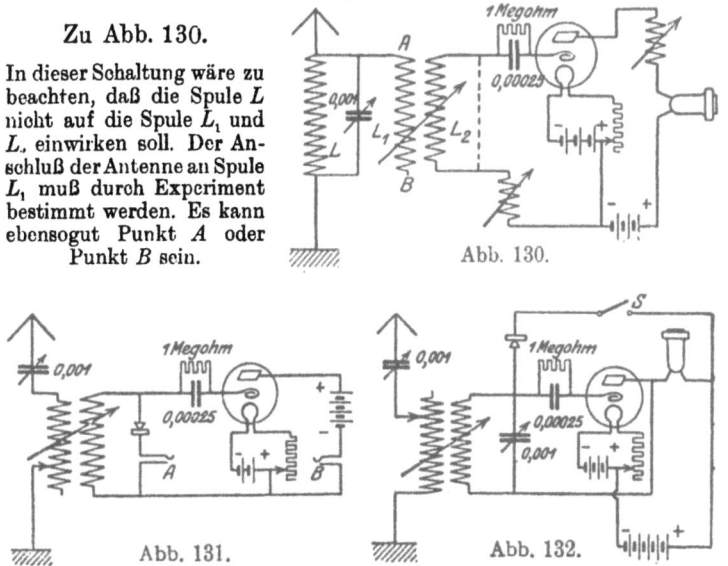

Abb. 130.

Abb. 131.   Abb. 132.

Zu Abb. 131 u. 132.

Zwei Schaltungen, welche die wahlweise Benutzung einer Röhre oder eines Kristalldetektors gestatten. Es geschieht dies durch Stöpseln des Telephons in A oder B (Abb. 131) oder durch Öffnen oder Schließen des Schalters S (Abb. 132).

Schaltungen verschiedenster Art.

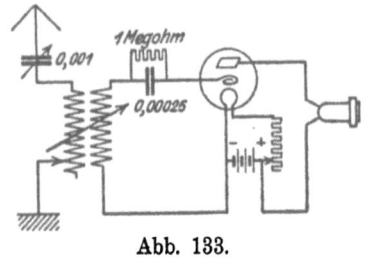

Abb. 133.

Zu Abb. 133.

Die Abb. 133 zeigt eine Schaltung ohne Hochspannungs-Batterie. Zu beachten ist, daß die der Anode abgewandte Seite des Telephons an die Plusklemme der Heizbatterie gelegt wird.

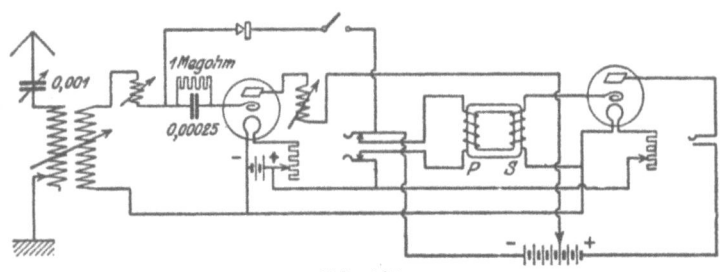

Abb. 134.

Die Schaltung nach Abb. 134 läßt zwei Möglichkeiten von Empfang zu. Erstens Audionröhren-Empfang mit Niederfrequenz-Verstärkung und zweitens Kristalldetektor-Empfang mit Niederfrequenz-Verstärkung.

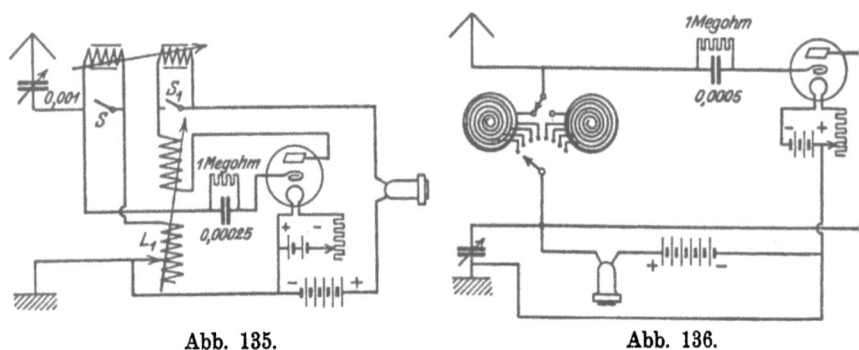

Abb. 135.   Abb. 136.

Zu Abb. 135 u. 136.

Anordnungen, wobei durch Schalter einige Spulen an- oder abgeschaltet werden können, um kurze oder lange Wellen empfangen zu können.

Schaltungen verschiedenster Art.

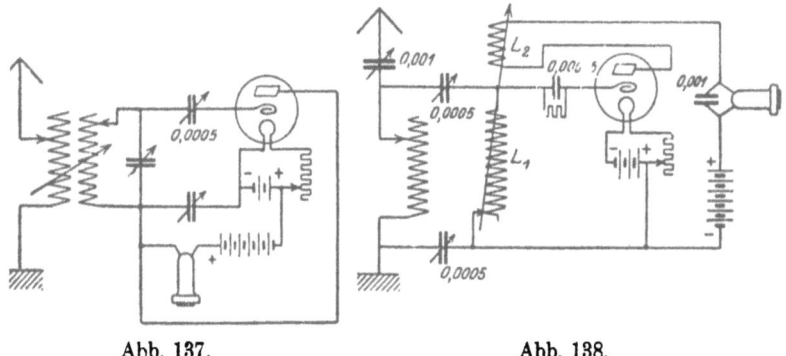

Abb. 137.   Abb. 138.

Zu Abb. 137 u. 138.

Zwei Schaltungen mit kapazitiver Kopplung. Abb. 138 außerdem mit Rückkopplung (L_2).

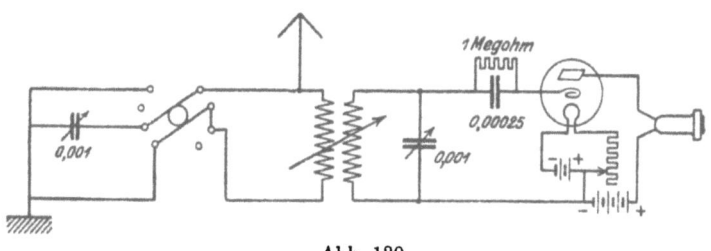

Abb. 139.

Die Abbildung zeigt die Anordnung eines Schalters, um den Primärkreiskondensator in Serie oder parallel mit der Primärspule schalten zu können

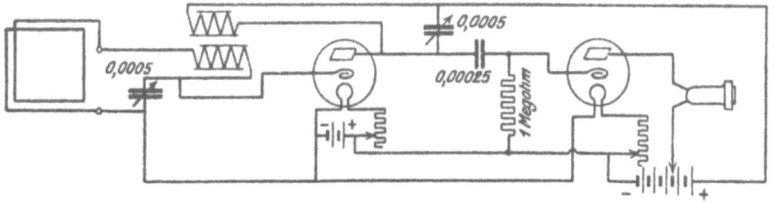

Abb. 140.

Abb. 140 zeigt eine Schaltung für Spulen- (Rahmen-) Empfänger mit einer Stufe Hochfrequenzverstärkung und einer als Audion geschalteten Röhre. Die beiden Honeycombspulen müssen gleich groß sein.

Treyse, Schaltungsbuch. 2. Aufl.

Nachtrag.

Dimensionierung der Abstimmelemente und der Empfangsmittel.

Eine Anordnung der Selbstinduktions- oder Kopplungsspulen, bei der die eine Spule sich in der anderen bewegen läßt, heißt Variometer. Sie hat den Vorteil, bei kontinuierlicher Regelung der Abstimmung zwei Schaltmöglichkeiten zu bieten: man kann sie als Kopplung in getrennten Kreisen, sowie mit geringer Schaltänderung als Variometer benutzen. Für die Selbstherstellung, bei der man für die Dimensionierung der Spulen genau so vorgeht wie bisher, wird Einsichtnahme in die betreffende Literatur empfohlen. So gibt z. B.: Nesper, „Der Radioamateur (Broadcasting)", Berlin, Julius Springer, auf Seite 336 ff. eine eingehende Beschreibung für die Herstellung eines solchen Selbstinduktionsvariometers.

Über die Selbstherstellung von **Spulen- (Rahmen-) Antennen** gibt Band 5 der Bibliothek des Radio-Amateurs Baumgart, „Der Hochfrequenzverstärker", Seite 7 ff. erschöpfende Auskunft.

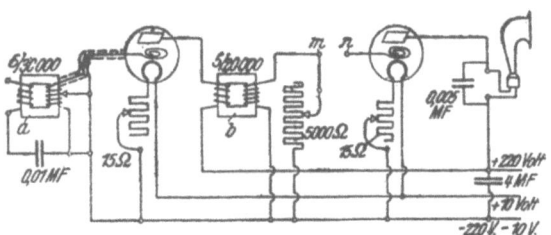

Abb. 141.

Kraftverstärkeranordnung für Lautsprecherbetrieb nach Kappelmeyer.

Bei dieser Schaltungsanordnung werden Röhren Type RS 5 verwendet. *a* bezeichnet einen Manteltransformator mit Scheibenwicklung, dessen einzelne Scheibenspulen in Staniol eingeschlossen sind, wobei zwichen den Spulen ein Luftspalt bleiben soll. Es ist wichtig, daß beide Transformatoren primär genügend Amperewindungszahlen besitzen. Die Gitterzuführungen sollen möglichst kurz und mit Staniolschutz verlegt sein. Der an die Klemme *m* angeschlossene Dämpfungswiderstand soll mindestens so groß oder größer sein, als der Widerstand der Primärspule des Transformators *b*. Bei den Klemmen *m* und *n* können entweder Vorspannungselemente oder ein Drehkondensator von 0,001 MF oder eine Batterie mit Potentiometer angeschlossen werden. In besonderen Fällen können sie auch direkt miteinander verbunden werden.

ANZEIGEN I

Verlag von Julius Springer in Berlin W 9

Bibliothek des Radio-Amateurs. Herausgegeben von Dr. Eugen Nesper.

1. Band: **Meßtechnik für Radio-Amateure.** Von Dr. Eugen Nesper. Zweite Auflage. Mit 48 Textabbildungen. (56 S.) 1924.
0.90 Goldmark
2. Band: **Die physikalischen Grundlagen der Radiotechnik** mit besonderer Berücksichtigung der Empfangseinrichtungen. Von Dr. **Wilhelm Spreen.** Zweite Auflage. Mit 111 Textabbildungen. (143 S.) 1924. 2.10 Goldmark
4. Band: **Die Röhre und ihre Anwendung.** Von **Hellmuth C. Riepka,** zweiter Vorsitzender des Deutschen Radio-Clubs. Zweite, vermehrte Auflage. Mit 134 Textabbildungen. (111 S.) 1925.
1.80 Goldmark
5. Band: **Der Hochfrequenz-Verstärker beim Rahmenempfang.** Ein Leitfaden für Radiotechniker. Von Ing. **Max Baumgart.** Zweite, umgearbeitete Auflage. Mit etwa 30 Textabbildungen.
Erscheint im März 1925.
6. Band: **Stromquellen für den Röhrenempfang** (Batterien und Akkumulatoren). Von Dr. **Wilhelm Spreen.** Mit 61 Textabbildungen. (72 S.) 1924. 1.50 Goldmark
7. Band: **Wie baue ich einen einfachen Detektor-Empfänger?** Von Dr. **Eugen Nesper.** Mit 30 Abbildungen im Text und auf einer Tafel. (56 S.) 1925. 1.35 Goldmark
8. Band: **Nomographische Tafeln** für den Gebrauch in der Radiotechnik. Von Dr. **Ludwig Bergmann.** Mit 47 Textabbildungen und zwei Tafeln. (79 S.) 1925. 2.10 Goldmark
9. Band: **Der Neutrodyne-Empfänger.** Von Dr. **Rosa Nouackh-Horsky.** Mit etwa 75 Textabbildungen. Erscheint im Frühjahr 1925.
10. Band: **Wie lernt man morsen?** Von Studienrat **Julius Albrecht.** Mit 7 Textabbildungen. (38 S.) 1924. 1.35 Goldmark
11. Band: **Der Niederfrequenz-Verstärker.** Von Ing. **O. Kappelmayer.** Mit 36 Textabbildungen. (82 S.) 1924. 1.65 Goldmark
12. Band: **Formeln und Tabellen** aus dem Gebiete der Funktechnik. Von Dr. **Wilhelm Spreen.** Mit 34 Textabbildungen. (76 S.) 1925.
1.65 Goldmark
13. Band: **Wie stellt man einen Röhrenempfänger selbst her?** Von **Karl Treyse.** In Vorbereitung.
14. Band: **Die Telephoniesender.** Von Dr. **P. Lertes.** In Vorbereitung.

In Vorbereitung befinden sich:
Innenantenne (Zimmer- und Rahmenantenne).
Der Radio-Amateur im Gebirge.
Fehlerbuch des Radio-Amateurs.
Baumaterialien für den Radio-Amateur.
Funktechnische Aufgaben und Zahlenbeispiele.
Systematik der Schaltungen.

Verlag von Julius Springer in Berlin W 9

Radio-Schnelltelegraphie. Von Dr. **Eugen Nesper.** Mit 108 Abbildungen. (132 S.) 1922. 4.50 Goldmark

Radiotelegraphisches Praktikum. Von Dr. Ing. H. **Rein.** Dritte, umgearbeitete und vermehrte Auflage von Prof. Dr. **K. Wirtz**, Darmstadt. Mit 432 Textabbildungen und 7 Tafeln. (577 S.) 1922. Berichtigter Neudruck. 1924. Gebunden 20 Goldmark

Radio-Technik für Amateure. Anleitungen und Anregungen für die Selbstherstellung von Radio-Apparaturen, ihren Einzelheiten und ihren Nebenapparaten. Von Dr. **Ernst Kadisch.** Mit 216 Textabbildungen. (216 S.) Erscheint im März 1925.

Hochfrequenzmeßtechnik. Ihre wissenschaftlichen und praktischen Grundlagen. Von Dr.-Ing. **August Hund,** beratender Ingenieur. Mit 150 Textabbildungen. (340 S.) 1922. Gebunden 11 Goldmark

Der Fernsprechverkehr als Massenerscheinung mit starken Schwankungen. Von Dr. **G. Rückle** und Dr.-Ing. **F. Lubberger.** Mit 19 Abbildungen im Text und auf einer Tafel. (155 S.) 1924.
11 Goldmark; gebunden 12 Goldmark

Telephon- und Signal-Anlagen. Ein praktischer Leitfaden für die Errichtung elektrischer Fernmelde- (Schwachstrom-) Anlagen. Herausgegeben von Oberingenieur **Carl Beckmann,** Berlin-Schöneberg. Bearbeitet nach den Leitsätzen für die Errichtung elektrischer Fernmelde- (Schwachstrom-) Anlagen der Kommission des Verbandes deutscher Elektrotechniker und des Verbandes elektrotechnischer Installationsfirmen in Deutschland. Dritte, verbesserte Auflage. Mit 418 Abbildungen und Schaltungen und einer Zusammenstellung der gesetzlichen Bestimmungen für Fernmeldeanlagen. (334 S.) 1923.
Gebunden 7.50 Goldmark

Anleitung zum Bau elektrischer Haustelegraphen-, Telephon-, Kontroll- und Blitzableiter-Anlagen. Herausgegeben von der A.-G. **Mix & Genest,** Telephon- und Telegraphenwerke, Berlin-Schöneberg. Siebente, neubearbeitete und erweiterte Auflage. Mit zahlreichen Textabbildungen. (609 S.) 1914. 6 Goldmark

Die Nebenstellentechnik. Von Oberingenieur **Hans B. Willers,** Berlin-Schöneberg. Mit 137 Textabbildungen. (178 S.) 1920.
Gebunden 7 Goldmark

Verlag von Julius Springer in Berlin W 9

Technisches Denken und Schaffen

Eine gemeinverständliche Einführung in die Technik

Von

G. v. Hanffstengel

Professor Dipl.-Ing., Charlottenburg

Dritte, durchgesehene Auflage

Mit 153 Textabbildungen. (224 S.) 1922

Gebunden 4 Goldmark

... Um Radio zu verstehen in seinem technischen Funktionieren, und jeder Gebildete muß doch den Wunsch haben, das Wesen einer Sache zu ergründen, muß der menschliche Geist geschult werden im technischen Denken. Es ist ein Genuß, selbst für den Ingenieur, durch feinsinnige Vergleiche vom praktischen Leben zur Theorie der Mechanik geführt zu werden. Keine Formeln, aber Formung, keine Gelehrsamkeit, sondern ein liebevolles Einfühlen und Erklären aller Technik mit allgemeinem Menschenverstand. Es öffnet die Augen und lernt begreifen.
Oldenburgische Landeszeitung.

An einfachen lebenswahren Beispielen werden wir in die Grundgedanken der Eisenbauwerke und der Maschinen eingeweiht, um von höherer Warte aus das ganze Tätigkeitsfeld des schaffenden Ingenieurs überblicken zu können. Nicht nur der Techniker wird das Buch Hanffstengels schätzen, auch der Laie, der sich infolge des immer stärkeren Hervortretens technischer Dinge im Wirtschaftsleben oft vor solche Probleme gestellt findet, wird das Werk mit hohem Nutzen lesen. Diese gemeinverständliche Einführung in die Technik ist eine Fundgrube des Wissens.
Kölnische Volkszeitung.

In großzügiger, zusammenfassender Darstellung und durch zahlreiche einfachste Beispiele wird der Leser in den Geist der modernen Technik, in die leitenden Gedanken, denen der Ingenieur bei seiner Arbeit folgt, eingeführt. Selbst die schwierigsten technischen Gedankengänge werden dem nicht technisch und mathematisch Gebildeten mühelos zugänglich gemacht.
Natur und Kultur.

ANZEIGEN

Verlag von Julius Springer und M. Krayn in Berlin

Der Radio-Amateur

Zeitschrift für Freunde der drahtlosen Telephonie und Telegraphie

Organ des Deutschen Radio-Clubs

Unter ständiger Mitarbeit von
Dr. Walther Burstyn-Berlin, Dr. Peter Lertes-Frankfurt a. Main,
Dr. Siegmund Loewe-Berlin und Dr. Georg Seibt-Berlin u. a. m.

Herausgegeben von
Dr. E. Nesper-Berlin

Erscheint wöchentlich — Vierteljährlich 5 Goldmark zuzüglich Porto

(Die Auslieferung erfolgt vom Verlag Julius Springer in Berlin W 9)

Verlag von Julius Springer in Berlin W 9

Industrielle Psychotechnik

Angewandte Psychologie
in
Industrie — Handel — Verkehr — Verwaltung

Herausgegeben von
Prof. Dr. W. Moede
Technische Hochschule zu Berlin — Handelshochschule Berlin

Die Zeitschrift erscheint monatlich einmal im Umfange von etwa 32 Seiten

Preis vierteljährlich (3 Hefte) 5 Goldmark zuzüglich Porto

MIX
Papier aus verantwortungsvollen Quellen
Paper from responsible sources
FSC® C105338

If you have any concerns about our products,
you can contact us on
ProductSafety@springernature.com

In case Publisher is established outside the EU,
the EU authorized representative is:
**Springer Nature Customer Service Center GmbH
Europaplatz 3, 69115 Heidelberg, Germany**

Printed by Libri Plureos GmbH
in Hamburg, Germany